送進空氣發出聲音))

用嘴吹氣或用琴鍵送入空氣，使樂器內部的空氣產生振動，所謂的「管樂器」就屬於這一類。

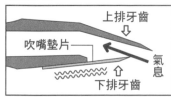

單簧管

上排牙齒
吹嘴墊片
氣息
下排牙齒

把氣吹進稱為「墊片」的薄片產生振動，使這個振動在單簧管內共振放大。雙簧管的墊片有兩片。

Ⓕ

直笛

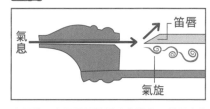

笛唇
氣息
氣旋

吹氣後，空氣撞到笛唇產生氣旋，使管身內部的空氣振動產生聲音。長笛、短笛等也是把氣吹在笛唇上。

Ⓖ

其他屬於這個類別的樂器

陶笛、風琴、低音管、薩克斯風、法國號、低音號、口琴、手風琴等。

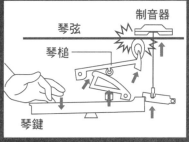

長號

嘴唇閉上貼著吹嘴，從唇縫間吹氣產生振動，這個振動在長號內部共振放大。小號等「銅管樂器」都是這樣演奏。

Ⓗ

樂器大致上可以分成四大類，包括上述三種以及用電發聲的樂器。

鋼琴是「振動琴弦」的樂器？

有些人可能會想：「鋼琴不是鍵盤樂器嗎？」但是正如下圖所示，鋼琴是靠振動內部的琴弦發出聲音的樂器。

琴弦
制音器
琴槌
琴鍵

←口風琴和風琴是送進空氣發聲，因此分類在與單簧管、長號等相同的類別。

Ⓘ

樂器的製作與演奏的機制

樂器的分類方式有很多種，這裡不是以「樂器的形狀」或「演奏方式」劃分，而是以「發出聲音的機制」分門別類介紹。

振動樂器本身或皮膜發出聲音

發出聲音的方式是敲擊拍打樂器本身或樂器上的皮膜。主要是以無法發出旋律、負責打拍子的打擊樂器居多。

響板

太鼓 ©

木琴
®

其他屬於這個類別的樂器

銅鈸、三角鐵、沙鈴、鈴鼓、定音鼓等。

響板是運用「兩片構造互相碰撞」發出聲音，木琴是「用琴槌敲打琴身」，太鼓則是「以鼓棒敲打鼓皮」等，使樂器產生振動的方式千變萬化。

振動琴弦發出聲音

振動琴弦的方法包括「用手指撥弦」、「用琴弓擦弦」、「用撥片敲弦扣彈」等。單純振動琴弦產生的聲音很小，因此通常這類樂器本體會有一部分是類似空箱子的箱體，目的是用來放大聲音的共振。

其他屬於這個類別的樂器

古琴、大鍵琴、鋼琴、豎琴、琵琶、三弦琴、烏克麗麗、中提琴、大提琴、低音提琴等。

小提琴
⓪

以一手的手指按住琴弦改變音高，另一手持弓擦弦，發出的聲音靠中空的琴身共振放大。
⑥

吉他

以一手的手指按住琴弦改變音高，另一手的手指撥弦，靠中空的琴身共振放大聲音。

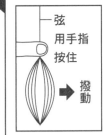

← 吉他和小提琴等樂器是用手指按壓改變琴弦發出的音高。振動距離越短，聲音則越高音。

弦
用手指按住
→撥動

★寫給家長：一般最普遍的樂器分類法基本上是①體鳴樂器（靠樂器本身振動發出聲音）、②膜鳴樂器（靠膜振動發出聲音）、③弦鳴樂器（靠弦振動發出聲音）、④氣鳴樂器（靠空氣團塊振動發出聲音）、⑤電鳴樂器，本書將①與②合稱為「振動樂器本身或皮膜發出聲音」，③是「振動琴弦發出聲音」、④是「送進空氣發出聲音」、⑤是「用電發出聲音（合成器等）」，分成這四種並省略⑤的介紹。

科學大冒險

玩轉聲音快樂屋

角色原作：**藤子・F・不二雄**

漫畫：**肘岡誠**　日文版審訂：戶井武司（中央大學理工學院教授）

譯者：黃薇嬪　台灣版審訂：蔡鈺鼎

哆啦A夢 科學大冒險

玩轉聲音快樂屋 目錄

影像提供／PIXTAⒶⒸ、photolibraryⒷ

↑音樂廳的音質很棒，是利用聲音反射的原理。（參見24頁）

↑沒有聲帶的九官鳥是如何模仿人類聲音的呢？（參見43頁）

↑海浪打上岸來就能產生超音波，超音波隨處都有。（參見54、69頁）

●角色原作／
藤子・F・不二雄

●漫畫／肘岡誠

●日文版審訂／戶井武司
（中央大學理工學院教授）

●封面・內頁設計／
堀中亞理、雨宮真子＋
Bay Bridge Studio

●插畫／阿部義記、杉山真理

●校正／吉田悅子

今天還是在施工呢。

第一章 什麼是聲音？

這麼吵我要怎麼寫功課?!

就算不吵你也不會寫……

※嘰嘰嘰

好過分！我難得想用功的說！

好啦、好啦！

4

你看！

那是什麼道具？

讓你看看聲音的真面目……

※鏘

這個叫「音叉」。

只要輕輕一敲……

哇！出現水花了！

再把末端放進水裡……

沒錯。水面冒出水花是因為音叉在振動。

你摸摸看音叉。

微微在振動……

6

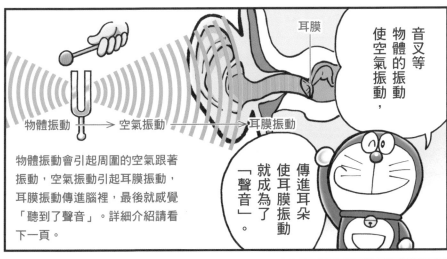

音叉等物體的振動使空氣振動，

物體振動 → 空氣振動 → 耳膜振動

耳膜

傳進耳朵使耳膜振動就成為了「聲音」。

物體振動會引起周圍的空氣跟著振動，空氣振動引起耳膜振動，耳膜振動傳進腦裡，最後就感覺「聽到了聲音」。詳細介紹請看下一頁。

等等！

我要去跟大家炫耀！

二十二世紀的科學真厲害。

音叉是三百年前就有的東西啦⋯⋯

外型像是英文字母「U」的鐵器，敲擊就會發出純淨的「La」音（國際標準音），因此在樂器調音上經常使用。

← 要幫吉他進行調音時，敲擊音叉發出「La」音後，貼緊吉他琴身的尾端，聲音就會共振放大，利用這種方式就能夠校準六根弦的音。

聲音的真面目是「空氣的振動」

充斥在我們身邊的各種聲音,其實是某種振動藉由空氣的流動傳導而來。
我們一起來瞧瞧聲音產生的原理!

聲音是這樣產生的 》》

以太鼓為例,說明聲音產生的過程。

①太鼓的鼓面振動

敲打太鼓的鼓面,鼓面就會隆起或凹陷,產生振動,這個振動會像右圖一樣震盪附近的空氣。

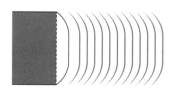

←鼓面隆起時,四周的空氣被壓縮,擠壓成緊密的狀態(密)。

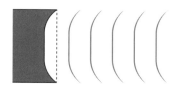

←鼓面凹陷時,四周的空氣被拉開,變成鬆散的狀態(疏)。

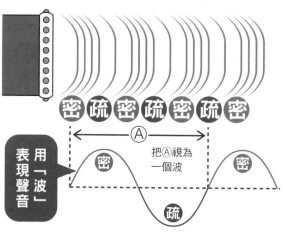

密 疏 密 疏 密 疏 密

把Ⓐ視為一個波

用「波」表現聲音

密　疏　密

②空氣振動,傳導到遠方

空氣一旦受到擠壓,就會想要還原。被壓縮的空氣還原時,會推擠旁邊的空氣,「疏」與「密」交替,就會形成振動,在空氣中傳導。

←聲音是用這種「波」來表示,波峰(虛線上的波)是聲音的振動強且「密」,波谷(虛線以下的波)是弱且「疏」的狀態。

③感覺到的空氣振動就是聲音

空氣的振動震盪到耳朵深處的耳膜,這個資訊透過神經傳到腦,到這裡我們才感覺到「聽到太鼓的聲音」。

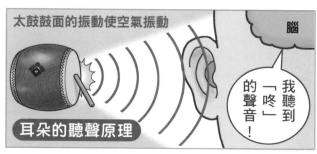

太鼓鼓面的振動使空氣振動

腦

我聽到「咚」的聲音!

耳朵的聽聲原理

聲音漸漸變小

聲音靠振動傳導到遠方，但是會在傳導過程中越來越小，最後終於聽不見。

大聲　　小聲　　聽不見

音源

↑聲音就像這樣傳向四面八方，但能量會越遠越弱。

★這項實驗有危險性，請看本書的示範就好，千萬不要自行嘗試。

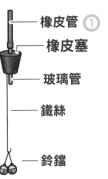

橡皮管 ①
橡皮塞
玻璃管
鐵絲
鈴鐺

做出上圖的裝置，接著像右圖一樣，將它安裝在燒瓶上。此時搖晃燒瓶，能夠聽到鈴鐺的聲響。

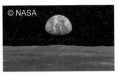
© NASA

↑月球表面沒有空氣可以傳導振動，當然也就聽不到聲音。

在真空環境下聽不見聲音

在缺乏空氣傳導聲音的地方，就聽不到聲音。我們可以在接近真空的狀態下做實驗，證實這一點。

②

理化實驗用的卡式爐

燒瓶

上圖裝置的燒瓶裡裝少量的水，加熱到沸騰，水變成水蒸氣就會把燒瓶內的空氣擠出瓶外。

③

彈簧式橡皮管夾

水

水沸騰後關火，立刻用橡皮管夾封住橡皮管，等到燒瓶完全冷卻後搖晃燒瓶，你會發現幾乎聽不到鈴鐺聲。

←燒瓶冷卻後，水蒸氣就會恢復成水，燒瓶內幾乎沒有氣體，變成接近真空的狀態。

振動透過空氣震盪傳導，就是我們聽到的聲音。

雖然聲音的真面目其實就是空氣的振動，但事實上能夠傳導聲音的，並非只有空氣。

除了空氣之外，氣體、水與油等液體、木與鐵等固體也都可以。不過，液體和固體不像空氣那樣的柔軟，因此能夠壓縮、拉長的幅度較小，但還是能夠產生振動，傳導聲音。

對我們來說，雖然大多數的聲音都是透過空氣傳導才能聽見，但空氣只不過是傳導聲音的代表物質之一。詳情請見本書十六至十七頁！

不過我也不知道原來聲音是空氣振動產生的。

不愧是大雄。

音叉哪是二十二世紀的發明？

是你自己太冒失！

你怎麼沒告訴我這只是普通的音樂工具？

「空氣振動的原因」，也就是「聲音產生的原理」其實有三種。

①物體振動

物品振動時的震盪，使得四周空氣振動，變成我們聽見的聲音。這是最基本的聲音產生形式。

揚聲器發出的聲音

揚聲器的圓形「振膜」振動產生聲音。原理請見108頁的詳細介紹。

打擊樂器與弦樂器的聲音

還有其他像音叉一樣，本身振動造成空氣振動的東西嗎？

人類與動物的聲音

去散步？

汪！

10

② 空氣的流動與物體的急速移動

物體沒有振動也會因為空氣流動而產生聲音。

跳繩的聲音

揮棒的聲音

噴霧的聲音

電線和風聲

就像揮棒的聲音，物體急速移動也會造成空氣振動。

嗯，不過，要是被雷打到可不妙。

來得正好，這就是第三種聲音。

雷聲嗎？

還有一個是什麼？

是……啊！

大家進來吧。

「摺疊屋」登場！

這麼說來，我聽過「一聽到打雷聲最好立刻進入室內」的說法呢。

這房子雖然是紙作的，卻比鋼筋水泥堅固喔。

兩面牆和屋頂是透明的嗎？

避免雷擊的三大守則

雷會打在較高的地方，所以雷聲靠近時，請務必遵守這三點！

①進入車內或建築物內

②不要靠近樹木和電線桿

③避開空曠場所

雷是這樣產生的

積雨雲 ① ② ③

積雨雲內部的冰粒互相摩擦，使雲的上半部累積正靜電，下半部累積負靜電（①）。接著雲的負靜電與地表累積的正電之間，形成「電的通道」，電從雲到地表（②）、從地表到雲（③）多次往返，就是「落雷」。此時四周的空氣因高達約3萬℃（太陽表面溫度的5倍）的熱而膨脹，又立刻遇冷收縮，所以發出「轟隆轟隆」的聲響。

說到雷聲，那是四周的空氣急速變熱膨脹、振動空氣產生的聲音喔。

太強了！居然有太陽五倍的熱度！

好可怕……

③空氣急速壓縮膨脹

Ⓐ是空氣受到擠壓、Ⓑ和Ⓒ是急速膨脹產生的聲音。

Ⓐ拍手的聲音

↑雙手手掌合起，受到擠壓的空氣從縫隙間跑出來時振動了空氣。

拍手跟打雷是同樣原理。

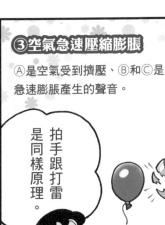

Ⓑ氣球破掉的聲音

Ⓒ靜電的啪滋聲與鞭炮聲

也就是說這三種聲音是「空氣急速壓縮或膨脹，所產生的聲音振動」。

↑Ⓑ是氣球內部受到擠壓的空氣，在氣球上有破洞時急速膨脹，所發出的聲音。Ⓒ是四周的溫度因為熱而急速上升，空氣膨脹所發出的聲音。

※轟隆隆　　　　　　　　　　　　　　　　　　　　　　　　　　※閃亮

大驚小怪吵死了！

嗯？

哇！

哇！閃電！

那是因為聲音的「速度」。

為什麼是先看到閃電才聽到雷聲呢？

新幹線的4倍!? 聲音的速度有多快?

各位或許聽過「馬赫」這個詞,意思是聲音在空氣中傳導的時速,該速度可高達約1200公里。只不過這個速度在某個「條件」下就會改變……

聲音在空氣中傳導的速度 》》

聲音傳導的速度並非固定,氣溫越高速度越快,風向也會影響速度。

新幹線的速度

每秒88公尺(※)

聲音在空氣中的速度

每秒340公尺

(氣溫15℃的環境中)

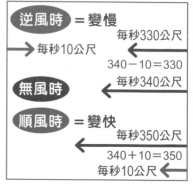

| 逆風時 = 變慢 |
| 每秒10公尺 → 每秒330公尺 |
| 340－10=330 |
| 無風時 每秒340公尺 ← |
| 順風時 = 變快 |
| 每秒350公尺 |
| 340＋10=350 |
| 每秒10公尺 ← |

逆風時,聲音的速度要扣掉風速,順風時則相反,要加上風速。

利用聲音的速度計算 》》

聲音的速度(以下簡稱音速)套用右邊的公式①計算出來後,只要知道「距離」或「時間」其中一項,剩下的部分就可以套用公式②、③算出來。

❶ **速度＝距離÷時間**
❷ **距離＝速度×時間**
❸ **時間＝距離÷速度**

原來風向會影響音速啊!

問題❶ 雷聲在哪裡響起?

假設閃電出現的5秒鐘之後就聽到雷聲,這時就可以計算我們與雷之間的距離。假設音速是每秒340公尺,套用公式②,「速度」是每秒340公尺,「時間」是5秒,340×5=1700,也就是我們在聽到雷聲時,與雷的距離是1700公尺。

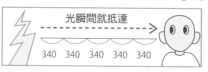

光瞬間就抵達

340　340　340　340　340

問題❷ 何時會聽到反射的聲音?

1700m

聲音

假設海上的船隻從距離岩壁1700公尺的位置鳴笛,試問在幾秒鐘之後能夠聽到汽笛反射的聲音?假設音速是每秒340公尺,套用公式③,聲音從船隻前往岩壁又折回,「距離」是1700×2=3400,除以「速度」=秒速340公尺,就是3400÷340=10,因此是在10秒過後會聽見反射的笛聲。

※ 這裡指的是 E5、E6 系列新幹線的最高速度。
影像提供／PIXTA

雷已經遠離到我們聽不見的地方去了。

距離雷聲消失已經三十分鐘了。

可以出去了吧！

你這臭小子！

繼續玩吧！

叫你顧店你偷跑出來玩！

媽媽對不起！

胖虎可能比較害怕這種雷聲。

在液體中與固體中傳導的聲音

能夠傳導振動的不只空氣，液體和固體也可以辦到，所以聲音在水中和金屬裡也能傳導，而且聲音在固體中的傳導速度比在液體中更快，在液體中比在氣體中更快。

傳導速度比在氣體中更快 》》

如下圖所示，比較聲音在各物質內1秒鐘前進的距離，可以看出聲音在木頭和鐵等固體傳導的速度，遠比在空氣等氣體中更快。

空氣 每秒340m

氦氣 每秒970m

汞 每秒1450m

水 每秒1500m

冰 每秒3230m

木頭 每秒3500～4500m（※1）

玻璃 每秒5440m

鐵 每秒5950m

★參考《理科年表2024》（丸善出版）等書製表。

↑1991年進行一項實驗，從南印度洋的赫德島近海發射聲波，測試位在大西洋的百慕達三角洲何時收到。兩地距離約16000公里，從海裡傳導大約耗時3小時。

聲音在水中傳導的速度約是空氣中的四倍。

聲音傳送得越遠會越小聲，但是在液體或是固體內傳導的聲音，不僅能夠比在空氣中傳送的速度更快，也較不容易減弱。

舉例來說，站在車站月台上，我們有時會聽到軌道發出嘎啦嘎啦的聲響，卻沒有聽見列車的聲音，這是因為遠處列車的振動波透過鐵軌會更快的傳送過來，由此可知固體內傳導的聲音沒有減弱，在遠處也能聽見。

※1：木頭的種類不同，也會影響聲音的傳導速度。

在水中利用聲音

聲音在水裡也能傳導，因此水底揚聲器可以滿足各種使用目的。

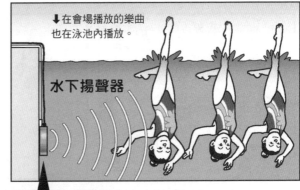

↓在會場播放的樂曲也在泳池內播放。

水下揚聲器

↖水下揚聲器（或稱水底喇叭）也用在水肺潛水員的訓練。

影像提供／UETAX（股）公司

水上芭蕾也會在水裡播放音樂

水上芭蕾是在泳池內配合音樂表演、展現藝術性力與美的運動。選手必須聆聽水下揚聲器（或稱水底喇叭）（左圖）播放的音樂，配合時機展現技巧。

日常生活中常見的固體傳導聲音

在固體內傳導的聲音，基本上固體密度（※2）越高，傳導速度越快。鐵等金屬為其中的代表。

單槓

拿石頭敲打單槓一側，耳朵貼在另一側，就會聽到透過單槓的金屬棍傳過來的聲音。

傳聲筒

傳聲筒是以固體的線把聲音變成振動傳導的例子。振動經由固體傳導時，不會像藉由空氣等氣體傳導那樣會減弱。但傳聲筒的線如果沒有拉直，或是手去碰到，振動就無法傳導，也就聽不到聲音，這點必須留意。

傳聲筒的原理

①紙杯底部因為聲音（＝空氣的振動）而振動。

②線產生振動，把①的振動傳送到對方的紙杯底部。

③對方的紙杯底部振動，杯底附近的空氣也振動，就能夠聽到對方的聲音。

在固體中傳導的聲音

)))) 在空氣中傳導的聲音

集合住宅的噪音

公寓大樓等建物的構造就像傳聲筒一樣，聲音會透過牆壁和地板等固體的振動傳導振動空氣，產生噪音。即使距離腳步聲、開關門聲等聲音產生的地方有點遠，也能夠聽見，常因此引發糾紛。

※2：密度是相當於體積的重量，單位是 g/cm3（公克／立方公分）或是 kg/m3（公斤／立方公尺）。水的密度是 1 g/cm3，鐵的密度是 7.9 g/cm3。

走掉了。

胖虎一不在就變得這麼安靜呢。

？

給我站住！

那是因為聲音有離得越遠越弱的特質。

聲音應該是以每秒約340公尺的速度在空氣中傳導，

但為什麼我們聽不到胖虎他們的聲音了？

臭小子！媽媽對不起！

對耶，他們應該還在追逐吧。

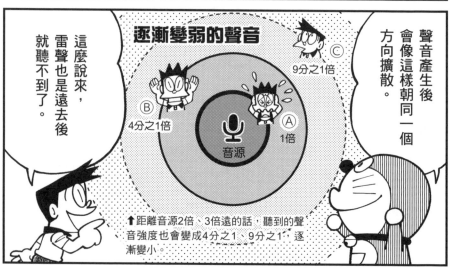

聲音產生後會像這樣朝同一個方向擴散。

逐漸變弱的聲音

© 9分之1倍

® 4分之1倍

Ⓐ 1倍

音源

↑距離音源2倍、3倍遠的話，聽到的聲音強度也會變成4分之1、9分之1逐漸變小。

這麼說來，雷聲也是遠去後就聽不到了。

聲音逐漸聽不見，除了是「變弱」，也跟「被吸收」的性質有關。

聲音被吸收？

我們去「聲音被吸收的房間」瞧瞧。

※取出

我來過這裡！

這是學校的音樂教室！

這種板子稱為「吸音沖孔板」，上面有直徑幾公釐的小洞，能夠吸收聲音，例如：人的說話聲。

看到這個有許多小洞的牆壁，馬上就認出來了。

雪也有無數細小的縫隙，跟吸音沖孔板一樣能夠吸收聲音。下雪的早上和夜晚感覺四周很安靜，就是這個效果造成。

那些小孔能夠吸收聲音。

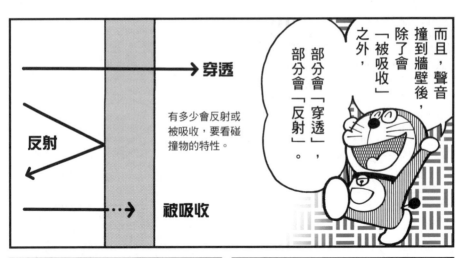

而且，聲音撞到牆壁後，除了會「被吸收」之外，部分會「穿透」，部分會「反射」。

穿透

反射

被吸收

有多少會反射或被吸收，要看碰撞物的特性。

反射的聲音

手靠在耳後，聲音能夠聽得更清楚，也是聲音反射手掌進入耳朵的緣故。

山裡的回音也是聲音的反射吧。

※呀呵！呀呵！

穿透的聲音

像玻璃窗這類的，只有部分屋外的聲音會穿透，所以在屋內聽到的聲音會比較小聲。

玻璃窗就算關上，還是會聽見外面的聲音。

※引擎聲

這裡正好有一塊紅磚。

哦。

聲音還會「繞射」。我們先回空地吧。

聲音有好多特性喔。

20

「實體放大鏡」。

用這個看東西，東西就會變大。

拿來看紅磚……

哇！變大了！

我們用這面牆壁做實驗吧。

奇怪……

這麼厚的牆壁，聲音應該穿不過去吧？

可以啊，怎麼了？

大雄站在牆壁另一邊。

能聽到我的聲音嗎？

沒錯，這就是聲音的「繞射」特性。

→能夠聽見牆壁另一頭的人聲，是因為聲音繞射的關係（虛線部分是跨過牆壁繞過去的聲音），越低頻的聲音越容易繞行）。

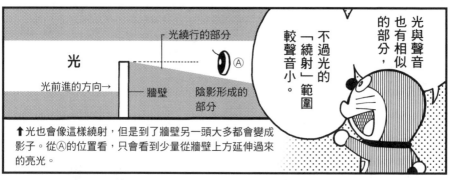

光與聲音也有相似的部分，不過光的「繞射」範圍較聲音小。

光繞行的部分

光

光前進的方向→ 　牆壁　陰影形成的部分

Ⓐ

↑光也會像這樣繞射，但是到了牆壁另一頭大多都會變成影子。從Ⓐ的位置看，只會看到少量從牆壁上方延伸過來的亮光。

真好玩，只要不是小聲講悄悄話，好像都能聽見。

聽到了！

接下來輪到我。聽到了嗎？

說到悄悄話，胖虎雖然叫我不要說，可是他說，改天又要再開獨唱會。

真是的，我媽總算放棄了。

我真的很想叫他差不多一點。

!!

我都聽見了！

書也不還我，為人囂張又粗暴，

哎呀，我八成是平常累積太多怨恨，才會講個沒完吧。

又開始另一波的追逐了⋯⋯

這次是胖虎的怒火很嚇人⋯⋯

別跑，臭小夫！

聲音大到整條街都聽得到了。

反射、繞射、折射聲音的特性

聲音具有很多特性，這裡特別鎖定這三種，讓我們一起來看看這些特性在我們日常生活中引起的現象吧。這些現象各位都有機會遇到！

聲音的「反射」))

聲音碰撞到牆壁後，除了「穿過」和「被吸收」之外，還會像右圖一樣反彈。鐵板和混凝土等堅硬的物質，則能夠充分反射聲音。

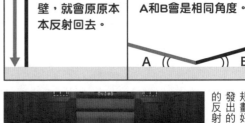

聲音垂直撞上牆壁，就會原原本本反射回去。

聲音斜向撞上牆壁時，A和B會是相同角度。

↑←音樂廳設計時會事先計算並規劃好，讓聽眾能感覺被演奏者發出的聲音（A），以及晚一點才到達的反射與折射聲音（B）、（C）環繞。

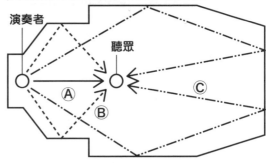

↑搭乘列車進入隧道後，會突然覺得四周很吵，這是因為列車的聲音被隧道的牆壁不斷反射的緣故。

音樂廳的聲音聽起來好聽，原來是這樣啊。

聲音與光都具有「波」的特性，因此兩者經常被拿來比較。而「反射」、「折射」與「繞射」也是兩者共通的現象。

以「反射」為例，聲音和光射向鏡子等物體的入射角度與反射角度一樣（參見本頁上面的圖），遇到空氣和水等不同介質轉換的分界線時，會產生「折射」現象。

但是，唯獨「繞射」這一項兩者不大一樣，光也會繞射，只是程度很低。光撞到牆壁後，在另一側就會形成影子，就算待在牆壁的後面也幾乎不會感受到光。

聲音的「繞射」

聲音即使碰到了障礙物，也會繞路。能聽見轉角另一邊的聲音，也是因為這個特性。

↑這個例子的聲音繞射有點特殊。聲音通過的路徑上是有一面牆壁擋住，而且牆上有個洞，這種時候，聲音會朝洞外成漣漪狀散開。這個現象也是聲音越低越容易發生。

←聲音會繞射，傳給在牆壁另一側的人。尤其是越低的聲音繞射的弧度越大，另一側的人也就能聽得越清楚。

→聲音越高，前進的路徑越筆直，繞射的弧度也會變小。順便補充一點，人類耳朵能聽見的聲音不是太高，所以在能聽見的頻率之內的聲音都會繞射。

聲音的「折射」

聲音在通過兩個內部傳導速度不同的物質的分界線時，就會在此處折射。即使分界線兩側是相同物質，溫度不同的時候也會折射。

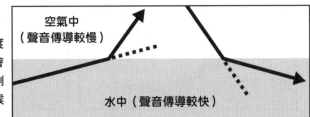

空氣中（聲音傳導較慢）

水中（聲音傳導較快）

↑聲音從水中進入空氣中、從空氣中進入水中時，分別會像這樣曲折。

←通過冷空氣與暖空氣的分界時，也會像這樣曲折。

↓白天時地表附近是暖空氣，高空是冷空氣，夜晚則是靠近地表是冷空氣，高空是暖空氣，因此靠近地表的聲音分別是如圖中的方式傳導。夜晚時，聲音能夠傳得更遠更廣。

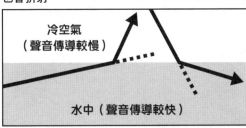

冷空氣（聲音傳導較慢）

水中（聲音傳導較快）

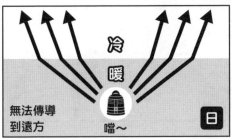

冷
暖

無法傳導到遠方

噹～

日

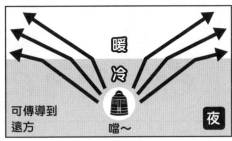

暖
冷

可傳導到遠方

噹～

夜

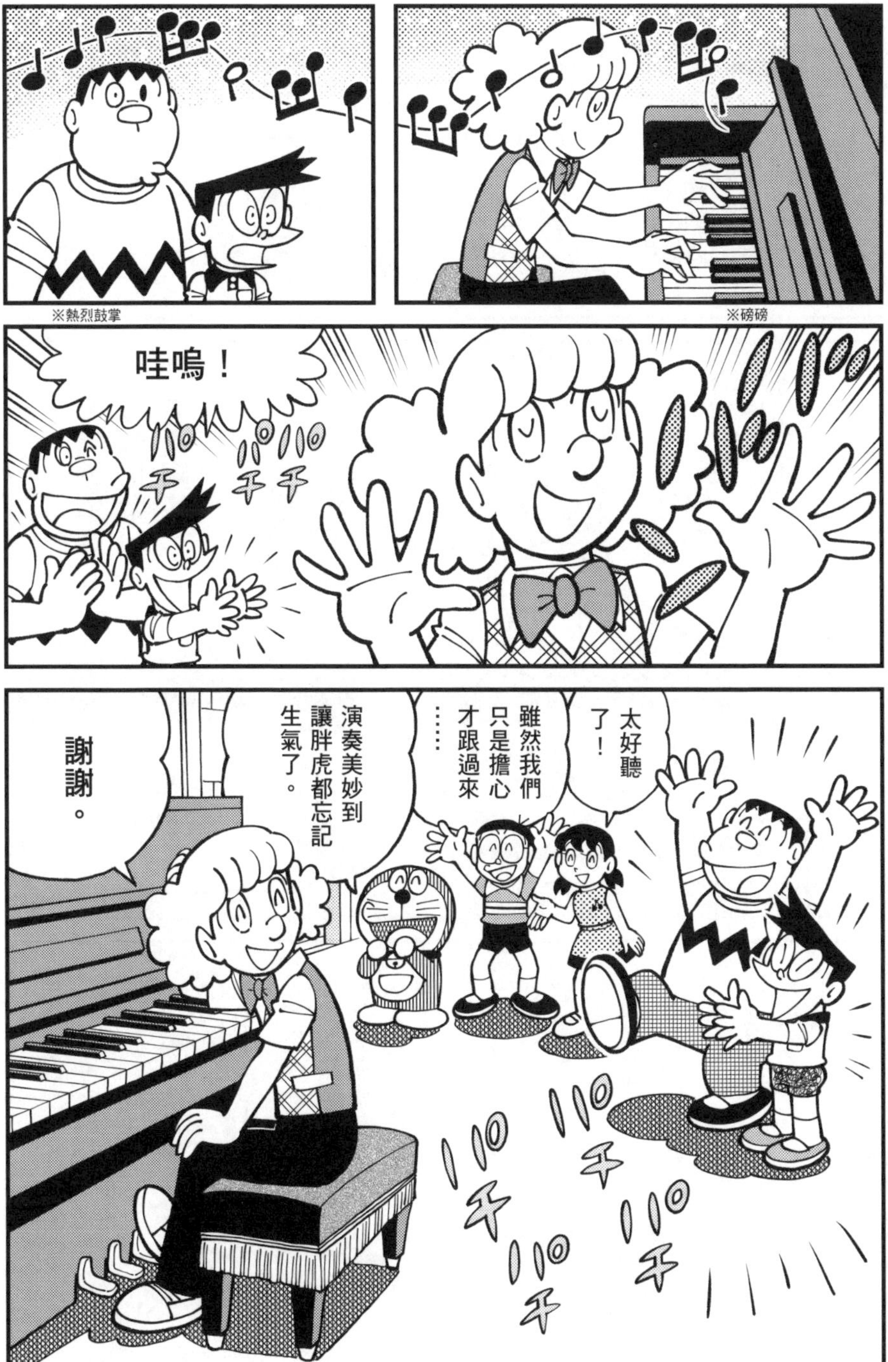
哇嗚！
太好聽了！
雖然我們只是擔心才跟過來……
演奏美妙到讓胖虎都忘記生氣了。
謝謝。

※熱烈鼓掌

※磅磅

※掌聲不斷

原來你在音樂大學專攻鋼琴啊。

我路過這裡看到這架街頭鋼琴，

忍不住就彈起來了。

音樂大學四年級
音波響

我們正好對聲音的各種奧妙很感興趣。

你知道聲音會被吸收與繞行吧？

草莓小丑※？

人家是說街頭鋼琴啦。就是擺在公共場所，人人都能自由彈奏的鋼琴。

※譯注：「街頭鋼琴（street piano）」與「草莓小丑（strawberry pierrot）」的日文發音類似。

這麼聽起來的確很神奇。

即使同一個音，
※咚

琴鍵的敲擊方式不同，就會有大小聲的差別。
※乒

即使同樣是「Do」，琴鍵左邊的「Do」是低音，

右邊的「Do」是高音。

真的耶！

能夠存在各種聲音是因為聲音有「音量大小」、「頻率高低」等特性。

聲音有「三要素」喔。

三要素？「音量大小」、「頻率高低」，還有呢？

就是「美聲」吧！

!?

慘了！

快把耳朵搗住！

?

※啦嗚～

※啦哦～

大小、高低、音色聲音的三要素

聲音是由「大小」、「高低」、「音色」這三要素所構成，因為這三要素各有不同，我們才能夠區分聲音。那麼，「聲音的三要素」是什麼呢？

聲音有「大小」之分))

聲音大小是根據發出聲音的物體（音源）振動的幅度決定，音源振動的強度不同，聲音的大小也不同。

挑戰撥動獨弦琴的琴弦

獨弦琴（或稱一弦琴）是一種類似吉他，但只有一根琴弦的樂器。只要改變琴弦的長短、粗細、鬆緊程度，就能夠改變琴聲的高低。

撥弦位置

演奏時撥動A和B之間發出聲音。B的「琴馬（琴橋）」左右移動，改變撥弦位置的長短，就能夠改變音高。

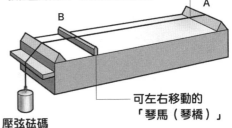

可左右移動的「琴馬（琴橋）」

壓弦砝碼
砝碼越重，弦的張力越強，聲音也就越高。

↓聲音的大小由弦的振動幅度（振幅）決定。底下是撥弦時的振幅與出聲的波形。振幅越大，聲音越大，波形的上下幅度也就越大。反之振幅越小，聲音越小，波形的上下幅度也就越小。

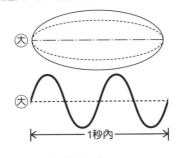

振動的幅度越大，聲音也就越大喔。

（大）　（小）

（大）　（小）

|←　1秒內　→|　　|←　1秒內　→|

聲音的音量大小比例關係是以分貝(dB)來表示

音量的檢測是假設人類能夠聽見的最小音量是0分貝，以此為基準點顯示大小。如右圖所示，從0分貝增加到20、40分貝，就是放大了10倍、100倍。至於60分貝則是一般說話的音量大小（參見104頁）。

0dB	
20dB	10倍
40dB	100倍
60dB	1000倍
80dB	1萬倍
100dB	10萬倍
120dB	100萬倍

↑工地現場測量噪音大小使用的單位也是「分貝」。

聲音有「高低」之分

每小時振動的次數越多，聲音也就越高。聲音的高低是以「頻率」來表示。

鋼琴和太鼓的高音

Ⓐ

鋼琴 琴鍵越靠近右邊的琴聲越高。

鼓

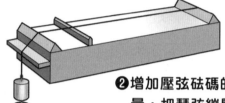

鼓越大，相同時間內振動的次數越少，因此鼓聲越低。

挑戰用獨弦琴發出高音

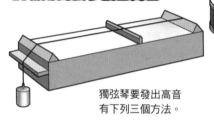

獨弦琴要發出高音有下列三個方法。

❷增加壓弦砝碼的數量，把琴弦繃緊

❶琴馬（琴橋）向右移，縮短弦長

❸換成較細的琴弦

↓獨弦琴的琴弦與聲音高低的關係，整理成下表。

發出低音	琴弦	發出高音
變長	← 長短 →	變短
變鬆	← 緊繃程度 →	變緊
變粗	← 粗細 →	變細

振動的次數越多，聲音也就越高喔。

左頁「音色」的段落中提到，樂器的聲音是基本音與大小、高低不同的音組合而成。

說得更深入一點就是，像音叉那種沒有雜音的純粹聲音反而比較少見。一般人聽到「沒有雜音的純粹聲音」可能以為這種比較好，但除了音叉之外，做聽力檢查時聽到的「嗶」聲也是沒有雜音的純粹聲音，卻感覺冷冰冰又不自然。畢竟不是日常生活中隨處可聽到的聲音，所以一聽到時，我們反而會覺得很不安。

用「波」表現高音與低音

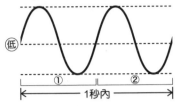 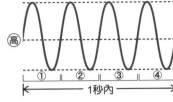

（低）
① ② 1秒內

（高）
① ② ③ ④ 1秒內

左邊兩圖的波高一樣，所以聲音大小也相同，但左圖1秒鐘之內有兩個波形，右圖有四個波形，波形在一秒鐘之內重複的次數，稱為這個聲音的「頻率」，頻率越高代表聲音越高。

高音＝「頻率高」
低音＝「頻率低」

頻率的單位是「赫茲（Hz）」，底下是日常生活中聽到的聲音的頻率參考值。其他還有電視和廣播的報時聲「嗶、嗶、嗶、嗶——」，前面的「嗶」是440赫茲，最後的長音「嗶——」是880赫茲。

◀ 低音　　　　　　　　　　　　　　高音 ▶

鋼琴聲 Ⓑ
27.5赫茲 ——————————— 4186赫茲

90赫茲 ⊤ 130赫茲 Ⓒ
成年男性的聲音

Ⓓ
成年女性的聲音
250赫茲 ⊤ 330赫茲

770赫茲 ⊤ 960赫茲 Ⓔ
救護車的警笛聲

聲音有「音色」之分))）

同樣是「Do」音，能夠聽出是來自不同的發聲體，這種特徵差異就稱為「音色」。例如：鋼琴的「Do」和小提琴的「Do」同樣是「Do」，但是大小和高低就略有不同。

音叉

↑ 音叉的聲音沒有失真，所以能夠畫出漂亮的波形。

← 鋼琴和吉他等聲音發出的波形就比較複雜且不同，因此組合而成的音色也就不一樣。

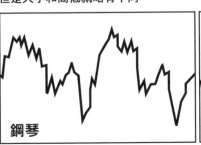
鋼琴

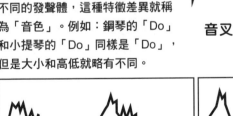
吉他

插畫、影像提供／PIXTAⒶⒷⒸⒹ、photolibraryⒺ

第二章
神奇的人聲與「聽力」

我也去讀音樂大學，正式學唱歌好了？

這麼說來，人是如何發出聲音的呢？

那麼可怕的歌聲也算是一種「聲音」吧？

啊⋯⋯我的頭還在痛

讓我來告訴你吧⋯⋯

不如我們直接去瞧瞧吧！

「竹蜻蜓」和「縮小燈」！

去發出聲音的地方⋯⋯

瞧瞧？

※照射

※照射

真不敢相信！我居然變小飛在空中！

接下來才更值得驚訝。

我們過去吧。

呵啊～

嘴巴正好張開了，快進去！

呵啊啊啊！

我們要降落在胖虎的喉嚨內側。

原來「去發出聲音的地方瞧瞧」是這個意思！

哇！這是什麼？

哦哦！

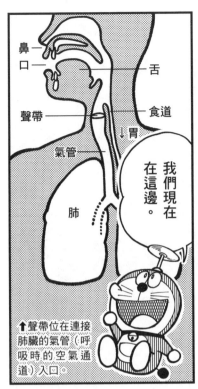

鼻
口
舌
聲帶
食道
↓胃
氣管
肺

我們現在在這邊。

↑聲帶位在連接肺臟的氣管（呼吸時的空氣通道）入口。

那個「聲帶」就是胖虎產生聲音的地方。

原來喉嚨裡面長這樣。

那個大洞是……？

↑聲帶在喉嚨裡，是兩片左右對稱的皺摺狀肌肉。哆啦A夢他們來到的位置是聲帶的上方。

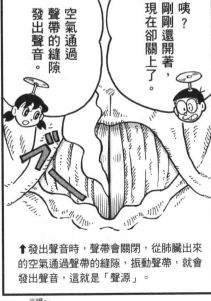

咦？剛剛還開著，現在卻關上了。

空氣通過聲帶的縫隙發出聲音。

↑發出聲音時，聲帶會關閉，從肺臟出來的空氣通過聲帶的縫隙，振動聲帶，就會發出聲音，這就是「聲源」。

※嗡～

不說話的時候，這個洞會變大，讓呼吸的空氣通過。

雖然洞口大開……

聲帶

氣管

↑從上往下看聲帶的樣子。呼吸時，聲帶會往左右張開，就能看到空氣的通道「氣管」。

現在胖虎一定正在說話。

他們已經在我的身體裡面了嗎?

※嚼

③發出聲音
請見下一頁的第一格內容。

鼻

口

聲帶

②聲帶振動
離開肺臟準備由口、鼻排出的空氣,通過聲帶時,振動了聲帶的皺摺狀肌肉,因此產生「聲源」。

①空氣離開肺臟

肺

各位還記得聲音是利用空氣傳導物體的振動吧?

原來聲音是聲帶振動產生的!

可是這是胖虎的聲音嗎?

為什麼聽起來像蜂鳴器的聲音?

臭小夫!

的確和我熟悉的聲音不一樣……

※嚼

38

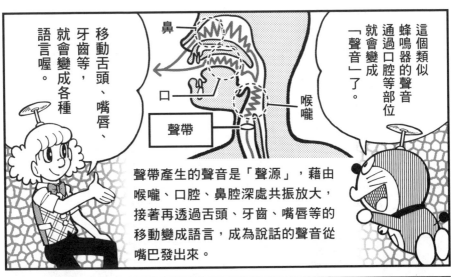

這個類似蜂鳴器的聲音通過口腔等部位就會變成「聲音」了。

移動舌頭、嘴唇、牙齒等，就會變成各種語言喔。

鼻

口

喉嚨

聲帶

聲帶產生的聲音是「聲源」，藉由喉嚨、口腔、鼻腔深處共振放大，接著再透過舌頭、牙齒、嘴唇等的移動變成語言，成為說話的聲音從嘴巴發出來。

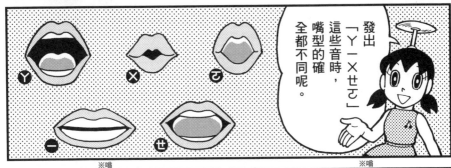

發出「ㄚㄧㄨㄝㄛ」這些音時，嘴型的確全都不同呢。

ㄚ

ㄨ

ㄛ

ㄧ

ㄝ

※嘴

一想到這個蜂鳴聲會變成可怕的歌聲……

……不過

就開始覺得……

不大舒服……

變聲、聲紋。揭開人聲的奧祕！

喉嚨的聲帶因空氣振動而產生的聲源，經由口鼻變成「人聲」發出（參見37-39頁）。我們接下來就來更進一步深入了解這個人人都不一樣的神奇聲源吧。

12歲左右的聲帶

↑背部方向

聲帶

長度約9毫米，1秒內約振動1000～2000次

↓肚子方向

此時男女的聲帶尺寸差距小，聲音的高低也沒有太大的分別。聲帶比成年人小，所以聲音較高。

《人聲的高低《男女有別

人聲的高低是根據聲帶的大小決定。成年男性的聲帶比女性大，每小時振動的次數較少，因此聲音低沉。

↑性別相同的話，多半是體型大→聲帶大→聲音低，但體型相關性這點，沒有科學上的證明。

12歲左右　聲音開始　變低

成年男性＝低沉

啊～♪

聲帶 長度約20毫米，1秒內振動90～130次

男生的喉結大約是從12歲開始發育，聲帶也會隨之變大。

喉結

成年女性＝高亢

啊～♪

聲帶
長度約
15毫米
1秒內
振動250～330次

隨著聲帶變大，聲音也變得低沉

男生大約在12歲左右，會因為喉結開始發育而讓聲帶隨之變大，聲音也因此逐漸變得低沉，這就是「變聲」。女生在長大的過程其實聲帶也會有同樣的轉變，只是變聲的幅度不像男生那麼大。

女生也會稍微的變聲喔。

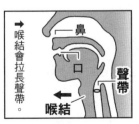

→喉結會拉長聲帶。

鼻

口

聲帶

喉結

從聲音可以知道很多事))

就像每個人的「指紋」都不一樣，聲音也具有個人特徵，可以看出性別和年齡等。檢視「聲紋」就會發現，即使像右圖一樣變聲，也能夠得知是同一個人的聲音。

我們是外星人。

相同！

我們是外星人。

＼ 這就是聲紋！／

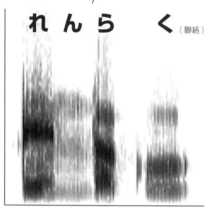

↑頻率　れんら　く（聯絡）

時間→

↑頻率　れんら　く（聯絡）

時間→

↑人發出的人聲是由各種頻率（高低）的聲音組合而成。聲紋是透過分析每小時「哪個頻率的聲音增加多少量？」再變成圖表而來。縱軸是頻率（人聲的高低），橫軸是時間。黑色部分表示這個頻率聲音的能量（越黑能量越大）。這兩個圖是由兩個人分別講同一個詞「れんらく（聯絡）」的發聲狀態，由圖可知聲紋完全不一樣。

由聲音可知之1 犯罪搜查 ⋯⋯⋯⋯⋯

靠聲紋幾乎就能夠分辨人，加上某種程度上能夠得知性別、年齡、身高、臉型等，因此多半能成為犯罪搜查時的關鍵手段。

➡聲紋能夠鎖定聲音的主人，成為有力的證據。儘管比不上指紋準確，不過鎖定犯人的效用被認為更優於筆跡。

由聲音可知之2 語音辨識 ⋯⋯⋯⋯⋯

智慧音箱聽到聲音就能夠操控家電，這是因為人工智慧能夠分辨家人的聲音，執行指令。

開電視。

下午天氣如何？

➡客服中心需要確認來電者是否為客戶本人時，會要求提供許多個人資訊，但未來或許能夠只靠聲音完成確認。

地址
姓氏
電話號碼
出生年月日

出處：科學警察研究所官方網站「用聲紋辨識人」（https://www.npa.go.jp/nrips/jp/fourth/section3.html）介紹的「聲紋範例」重新編輯製圖。

鳥為什麼會模仿聲音？

鳥雖然沒有聲帶，但是空氣會在被稱為「鳴管」的管內振動，在那裡產生的聲源，透過氣管的伸縮彎曲，再進一步用舌頭，就能夠變得很像人類的語言了。

九官鳥

虎皮鸚鵡

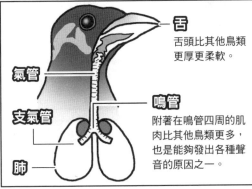

氣管

支氣管

肺

舌
舌頭比其他鳥類更厚更柔軟。

鳴管
附著在鳴管四周的肌肉比其他鳥類更多，也是能夠發出各種聲音的原因之一。

→九官鳥的肺到鳥喉的解剖圖。鳴管就位在氣管分支成左右支氣管的位置。鳴管產生的聲源可用舌頭變成各種聲音。

九官鳥是用鳴管代替聲帶喔！

能夠從照片還原人聲嗎？

先說結論，照片可看出大致上的身高與骨架等，因此某些程度上可以辦到。但是，人聲與聲帶等多種器官有關，只要其他器官無法準確還原，就不可能完美重現。

→二○一○年英國的研究人員用CT電腦斷層掃描並還原約三千年前的木乃伊的聲帶（右圖），成功重現木乃伊生前的聲音，但還不能保證可以百分之百準確重現。

除了九官鳥等鳥類之外，還有沒有其他動物會說人類的語言？對了，研究顯示會透過肢體動作與同伴溝通的黑猩猩，會說人類的語言嗎？

很可惜黑猩猩無法說話。「咽頭」是從鼻腔連接著食道的空洞部分，人類的這個部位很寬，舌頭能夠自由活動。

相反的，黑猩猩的咽頭窄，舌頭無法自由活動，因此就算發出聲音，也無法成為有意義的詞彙。

順便補充一點，九官鳥和鸚鵡等鳥類會說人話，並不是因為懂得那些詞彙的意思，而是記住了聲音再重現而已。

44

只要對著在動的物體顯示「紅燈」。

任何東西都會停止。

抓到了！

……

動不了

太好了。

我聽到尖叫時，嚇了一跳。

這麼說來，我們為什麼聽得見聲音？

知道聲音產生的原理後，也會對這個問題感到好奇呢。

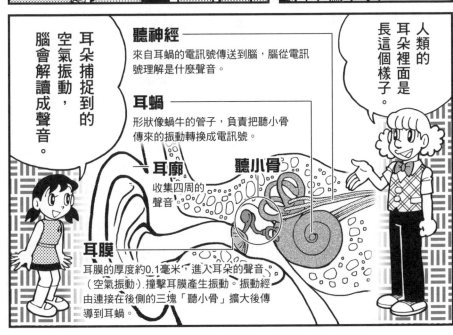

人類的耳朵裡面是長這個樣子。

聽神經 —— 來自耳蝸的電訊號傳送到腦，腦從電訊號理解是什麼聲音。

耳蝸 —— 形狀像蝸牛的管子，負責把聽小骨傳來的振動轉換成電訊號。

耳朵捕捉到的空氣振動，腦會解讀成聲音。

聽小骨

耳廓 收集四周的聲音

耳膜 耳膜的厚度約0.1毫米，進入耳朵的聲音（空氣振動）撞擊耳膜產生振動。振動經由連接在後側的三塊「聽小骨」擴大後傳導到耳蝸。

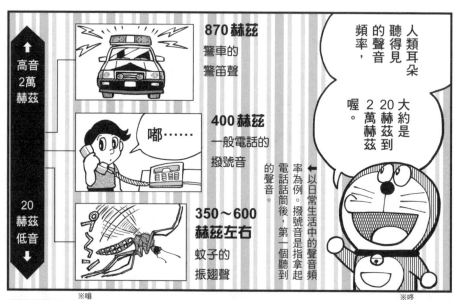

人類耳朵聽得見的聲音頻率，大約是20赫茲到2萬赫茲喔。

870赫茲
警車的警笛聲

400赫茲
一般電話的撥號音

350～600赫茲左右
蚊子的振翅聲

高音2萬赫茲

20赫茲 低音

↑以日常生活中的聲音頻率為例。撥號音是指拿起電話話筒後，第一個聽到的聲音。

嘟……

※嗡

※咚

順便補充一點，鋼琴最左邊的低音是27‧5赫茲。

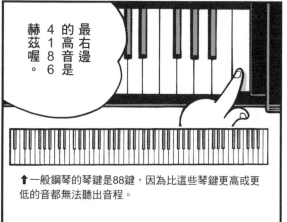

最右邊的高音是4186赫茲喔。

↑一般鋼琴的琴鍵是88鍵，因為比這些琴鍵更高或更低的音都無法聽出音程。

最右邊的音比最左邊的音聽得更清楚呢。

也就是說，越靠近2萬赫茲聽得越清楚嗎？

問得好！

以頻率來說，應該有3000赫茲到4000赫茲左右吧。

↓以下三個例子的頻率都大約是3000～4000赫茲，即使聲音很小也能聽見。

尖叫聲

鬧鐘聲

嬰兒的哭聲

大家剛才都聽到那位小姐被搶的尖叫聲吧？

吱！

……沒錯

怪不得大家對那聲音都有反應！

真有趣，因為聽得很清楚的高音可以引起注意吧？

!?

※吱

※有老鼠！

剛剛的尖叫聲應該有4000赫茲吧。

哆啦A夢最討厭老鼠了。

商店街的人都看過來了，所以應該有哦。

※嘈雜

哇啊！怎麼了？

※吱

※跳～

骨傳導等可以聽到聲音的奇蹟

我們「聽到」的聲音，是最終由我們的腦所理解出來的，因此會產生各種不可思議的情況，例如：實際上聲音大小不同，聽起來也一樣大聲等。

不經由空氣聽到＝骨傳導

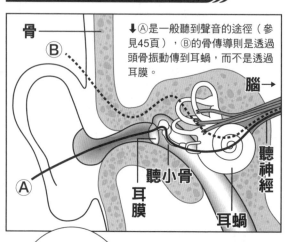

骨

Ⓑ

↓Ⓐ是一般聽到聲音的途徑（參見45頁），Ⓑ的骨傳導則是透過頭骨振動傳到耳蝸，而不是透過耳膜。

腦→

聽神經

聽小骨

耳膜

耳蝸

Ⓐ

聲音一般是耳膜的振動由耳蝸轉換成電訊號後傳到腦，但也有聲音是可以藉由頭骨振動傳導，稱為「骨傳導」。

↑遮住耳朵也能聽見自己的聲音，就是因為自己的聲帶和喉嚨的振動經由頭骨，像骨傳導一樣傳導到腦。

試著把自己的聲音錄下來聽聽看

錄下來的聲音是經由空氣傳導過的聲音，你會感覺聽起來不像自己的聲音，因為平常我們聽自己的聲音時，是空氣傳導和骨傳導混合的聲音。

原來我們平常聽到自己的聲音，也包括經由骨頭傳導的聲音。

錄下自己的聲音聽聽看，大概有很多人會覺得「我的聲音有這麼高嗎？」一般我們聽到的「自己的聲音」是「空氣傳導聲」與「骨傳導聲」結合而成的聲音。

錄音時所錄到的當然只有「空氣傳導聲」。「骨傳導聲」偏低，所以少了骨傳導聲後，就會感覺自己的聲音變高了。

其他人耳裡聽到的你的聲音，就是錄下來的聲音。假設你需要上台演講，建議你可以多練習幾次，並錄音檢查聽聽看。

什麼是骨傳導耳機 》》

骨傳導耳機只要振動耳朵四周的骨頭就能聽見聲音，不像一般耳機需要塞進耳洞裡。多數商品是把耳機的振動部分裝在太陽穴附近使用。

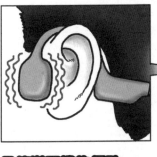

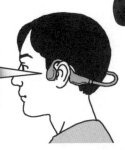

↑←以戴在耳朵上的類型居多。不靠線連接的音樂播放裝置或智慧型手機的充電式無線款耳機最受歡迎。

骨傳導耳機的優點

不用塞進耳朵，所以不需要擔心入耳耳機的大小，除此之外還有下列的優點。

❶耳朵
不易疲累

←不會對耳朵造成負擔，也不會覺得壓迫或悶熱，所以能夠長時間使用。

❷也能聽到四周的聲音，相對安全

※引擎聲

ブロロ…

←戴著一般耳機聽音樂慢跑時，很容易沒注意到有車靠近。戴著骨傳導耳機就不用擔心這個問題。

隨年齡改變的聽力

隨著年齡增加，聽力會逐漸衰退。如左圖所示，高音會越來越難以聽見。

用蚊音檢查耳朵年齡（範例）

10000 赫茲	➡ 60歲以下
12000 赫茲	➡ 50歲以下
14000 赫茲	➡ 40歲以下
15000 赫茲	➡ 30歲以下
16000 赫茲	➡ 20歲以下

←「蚊音」是類似蚊子振翅聲的高音，左邊是聽得見的頻率與年齡標準。各位可以上網搜尋聽聽看。

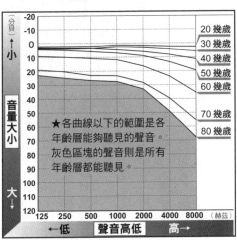

（分貝）
-20
-10
0
10
20
30
40
50
60
70
80
90
100
110
120

←小　音量大小　大→

20 幾歲
30 幾歲
40 幾歲
50 幾歲
60 幾歲
70 幾歲
80 幾歲

★各曲線以下的範圍是各年齡層能夠聽見的聲音。灰色區塊的聲音則是所有年齡層都能聽見。

125　250　500　1000　2000　4000　8000　（赫茲）

←低　聲音高低　高→

改編自：立木孝「日本人聽力隨年齡增長的變化研究」Audiology Japan 45, 241-250, 2002

怎麼知道聲音來自哪個方向？

耳朵分為左右兩個，聲音抵達兩邊耳朵的時間有些微的差異，音量大小也有差別，諸如此類的原因都能夠幫助我們判斷聲音來自哪個方向。

聲音來自正面時

■音源

↑音量相同的聲音同時抵達兩邊耳朵，因此能夠判斷是來自正面的聲音。

聲音來自右斜前方時

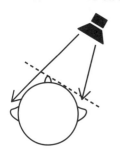

←左耳與音源的距離比右耳遠，聲音比較慢才送達左耳，因此可以得知聲音來自右斜前方。

繞行　聲音來自正右邊時

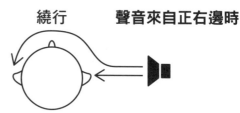

↑聲音要繞過臉才能抵達左耳，比右耳晚抵達，所以可以判斷聲音在正右邊。

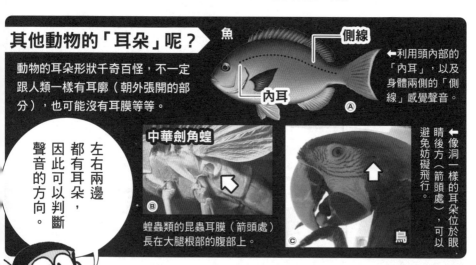

其他動物的「耳朵」呢？

動物的耳朵形狀千奇百怪，不一定跟人類一樣有耳廓（朝外張開的部分），也可能沒有耳膜等等。

魚　側線　內耳　Ⓐ
←利用頭內部的「內耳」，以及身體兩側的「側線」感覺聲音。

中華劍角蝗　Ⓑ
蝗蟲類的昆蟲耳膜（箭頭處）長在大腿根部的腹部上。

鳥　Ⓒ
←像洞一樣的耳朵位於眼睛後方（箭頭處），可以避免妨礙飛行。

左右兩邊都有耳朵，因此可以判斷聲音的方向。

如同前面介紹過的，最後是由腦來判斷和解讀「聽見的聲音」。這樣的高度功能甚至連「實際上不存在」的聲音也都能聽見。

舉例來說，早上遇到人，對方說「早安」才說到「早」時，就算後面不聽完，你也會在腦中自動補上「安」，感覺自己聽到了完整的「早安」兩個字。

同樣的，「幻聽」、「誤聽」也都是在腦子裡引起的神奇現象。

攝影／奧山久Ⓑ、插畫、影像提供／PIXTAⒶ、宇部市常盤動物園Ⓒ

聲音的大小與高低有何關係？

人類的聽覺還有一個不可思議的地方，就是「大聲的低音」與「小聲的高音」有時候聽起來會一樣大聲。下圖是不同音高卻感覺一樣大聲的狀態。

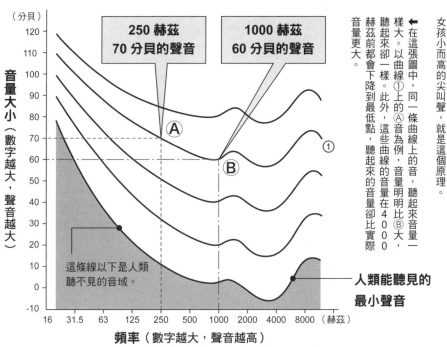

（分貝）

音量大小（數字越大，聲音越大）

250 赫茲 70 分貝的聲音

1000 赫茲 60 分貝的聲音

Ⓐ

Ⓑ

①

這條線以下是人類聽不見的音域。

人類能聽見的最小聲音

頻率（數字越大，聲音越高）

→ 在這張圖中，同一條曲線上的音，聽起來音量一樣大。以曲線①上的Ⓐ音為例，音量明明比Ⓑ大，聽起來卻一樣。此外，這些曲線的音量在4000赫茲前都會下降到最低點，聽起來的音量卻比實際音量更大。

← 如同上面的插圖所示，一段距離外的人會聽到小女孩小而高的尖叫聲，就是這個原理。

出處：ISO 226:2003 Acoustics－Normal equal-loudness-level contours

雞尾酒會效應

人在喧鬧的派對現場，即使對話的音量再小，也能夠聽到自己好奇的內容，這種情形稱為「雞尾酒會效應」，這當然也是腦施展的魔法。

※驚醒

← 就算在捷運上睡著，聽到自己要下車的站名就會醒來。

→ 利用這種效應，經常在對話中提到對方的名字，對方更容易聽進你說的話。

←低音	20赫茲	2萬赫茲	高音→

超低頻音 20赫茲以下的低音，具有能夠繞過障礙物傳遞到遠方的特性。

人類耳朵能聽見的聲音範圍

超音波 2萬赫茲以上的高音，具有直線前進與易反射的特性等，因此常用在魚群探測器等裝置（參見73頁）。

低於20赫茲與高於2萬赫茲的聲音，那是什麼樣的聲音呢？

人類無法聽見、

對了，剛才哆啦A夢說過「人類耳朵聽得見的聲音頻率，大約是20赫茲到2萬赫茲」……

超低頻音的產生源頭（例）

除了右邊列出的例子之外，火山噴發、風等自然現象也會製造超低頻音。

工地和工廠

各種機械和作業車的引擎等會製造超低頻音。

熱水器和空調室外機

也是主要的產生源頭之一。熱水器和空調室外機甚至還會互相共振。

比20赫茲更低的聲音稱為「超低頻音」。

水庫的洩洪

洩洪落下的水會產生超低頻音。在大型設施之中，風力發電用的風車也會產生超低頻音。

與其說是聲音，感覺比較像微幅的振動或空氣晃動。

雖然聽不見，但是在我們日常生活各種場合都會產生喔。

52

超低頻音的影響
大致可分為下面兩種類型。

耳朵雖然聽不見超低頻音，但身體會感覺到。

失眠　頭痛

←對身心健康產生不好的影響。

→超低頻音引起的振動傳導造成家具和窗框等的晃動。

所以長期暴露在大量超低頻音的環境中，就會生病。

我懂了！胖虎是不是也會發出超低頻音？

什麼意思！

人類不會發出超低頻音。

能夠傳到好幾公里以外的地方？
聲音越低越不容易減弱，而且有「繞射」的特性（請見22頁）。超低頻音能夠從很遠的地方傳來，用牆壁等阻擋也幾乎沒有效果。

超低頻音能夠傳到很遠的地方，看不到也聽不見，所以有時很難找出原因也很難解決。

超低頻音

障礙物

那麼比2萬赫茲高的聲音呢？

我想大家應該都知道，就是「超音波」。

不過人類也聽不見超音波。

與超低頻音一樣，經常在我們身邊出現。

吸塵器的聲音

撕紙的聲音

噴霧聲

↑很多情況就像這樣，超音波會與可聽見的聲音同時產生。

但有許多動物都能聽見超音波喔。

動物？

超低頻音與超音波就在我們四周，我們卻聽不見，真可惡。

接著吹這個哨子。

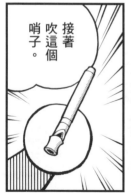

大家先吃一塊。

「翻譯蒟蒻」！

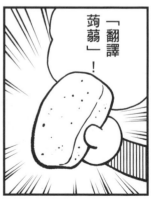

哆啦A夢？

快吹啊？

突然「嘩」的一聲，害我嚇到。

？

我有聽見喔。

狗會說人話？

啊，嚇到你真抱歉。

哨子有吹出聲音？

吃下「翻譯蒟蒻」就能夠與不同語言的對象溝通。

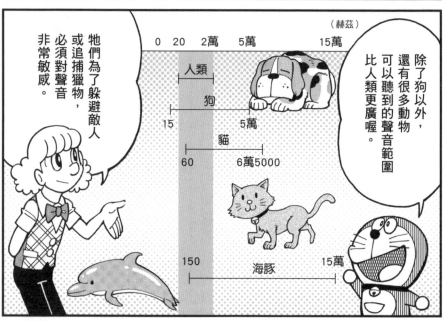

攝影／大澤夕志

東亞家蝠 翅膀展開可達約5公分，體重5～10公克。是日本和台灣城市近郊最常見的蝙蝠。

耳　後肢　尾部

Ⓐ Ⓑ Ⓒ Ⓓ Ⓔ

←雙翼上有薄薄一層皮膚構成的「飛膜」，飛膜分布在後肢、尾部與長指的骨頭之間。ⒶⒷⒸⒹ分別相當於人類手掌的拇指、食指、中指、無名指、小指。

等到太陽下山後，東亞家蝠就會出來抓昆蟲吃。

哦哦哦！飛起來了！

影像提供／PIXTA

➡飛行中的東亞家蝠。平常棲息在建築物的縫隙間，白天都在休息。

要抓緊喔！

飛好快！

※啪沙啪沙

※啪沙啪沙

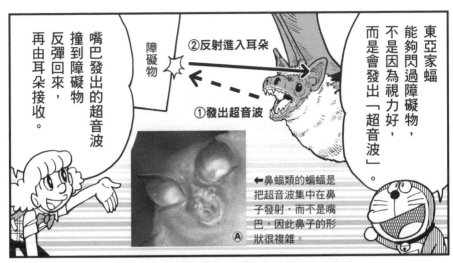

東亞家蝠能夠閃過障礙物，不是因為視力好，而是會發出「超音波」。

②反射進入耳朵

障礙物

①發出超音波

嘴巴發出的超音波撞到障礙物反彈回來，再由耳朵接收。

←鼻蝠類的蝙蝠是把超音波集中在鼻子發射，而不是嘴巴，因此鼻子的形狀很複雜。 Ⓐ

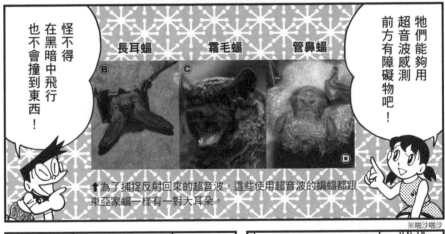

牠們能夠用超音波感測前方有障礙物吧！

長耳蝠　Ⓑ　　霜毛蝠　Ⓒ　　管鼻蝠　Ⓓ

怪不得在黑暗中飛行也不會撞到東西！

↑為了捕捉反射回來的超音波，這些使用超音波的蝙蝠都跟東亞家蝠一樣有一對大耳朵。

※啪沙啪沙

牠在追那隻蛾！

一發現食物就追上去呢！

哇！突然轉向了。

影像提供／photolibrary ⒶⒷⒹ、PIXTA Ⓒ

急速下降！

咦？牠不是要吃蛾嗎？

咦咦！牠用兩隻後肢之間的飛膜抓住了蛾⋯⋯

!?

※包住！

牠在捕捉昆蟲獵物時，也用上了超音波呢。

真好玩！

一眨眼就送進嘴裡吃掉了！

※嚼嚼

沒錯，牠們朝獵物發出超音波，利用反彈得知對方的位置和大小等，簡直像是用眼睛看到的一樣。

發現全長18公釐的夜蛾在30公分外的2點鐘方向。

也有不使用超音波的蝙蝠

➜狐蝠類的蝙蝠吃果實，不吃昆蟲，所以視力不差，也不會發出超音波。

哦，這次朝著那群蛾飛去了！

在哪裡？哪裡？

這就是「使用超音波的暗夜獵人」吧！

聽起來好帥！

※滑

大雄！

哇啊啊啊！

大雄，站著會很危險！

影像提供／PIXTA

63

快抓好！別放手喔！

救命啊！

※晃動

怎麼了？

哇！

為什麼大雄滑下去後，蝙蝠突然亂飛？

我知道了！

哇啊啊！

呀啊！

怎麼搞的？

64

使用低頻音與超音波的動物

很多動物會使用人類難以聽見的低頻音（※1）、聽不見的超低頻音與超音波進行溝通。我們一起來側耳傾聽這些驚人的無聲之聲吧。

↑大象發出的低頻音與超低頻音，可透過地面傳導到數十公里遠的地方。➡敏感的腳底捕抓到低頻音與超低頻音，經由骨頭傳導到耳朵。

《 發出超低頻音的大象

部分棲息在印尼等地的亞洲象，是用人類聽不見的「超低頻音」進行溝通。

↑海嘯發生時也會產生超低頻音。2004年的印尼蘇門答臘地震引發海嘯時，大象們藉由超低頻音得知海嘯的到來，因此成群結隊前往高處避難。

※1 低頻音：是指 100 赫茲以下的低音。

←大象不僅會發出低頻音和超低頻音，受到驚嚇時，也會以人類可以聽到的聲音大叫。

※叭嗚～

用超低頻音唱歌的座頭鯨

座頭鯨等鬚鯨(※2)類，也會發出低頻音對話。座頭鯨的聲音反覆著由聲音組合成的句子，因此稱為「歌」。

座頭鯨

↑棲息在同樣地區的座頭鯨，多半唱著相似的「歌」，每個地區的曲調不同。有些座頭鯨會好幾個小時反覆唱著相同曲子。

←座頭鯨捕魚時也用聲音對話。一發現魚群，就會群起噴出泡泡，包圍魚群（左圖），趁著魚群被泡泡包圍，嚇得動彈不得時，再大口一張全數吞下。

叫聲響亮的藍鯨

地球上最大的動物「藍鯨」會發出音量大到幾乎可以震破人類耳膜的低頻音，呼喚在數百公里以外的同伴。

座頭鯨的「歌」幾乎都是由繁殖期的雄鯨所創作的，主要目的是用來求偶。

一首「歌」的長度據說從幾分鐘到幾十分鐘都有，過些時日就會加上新句子等增加變化。歌聲能夠共振到幾千公里以外的地方，所以傳送到的地區也會模仿那首「歌」。

雖說人類的耳朵很難聽見，但因為會加上變化，也會流行，所以很適合稱之為「歌」。

座頭鯨的「歌」有好幾首，也會創作新歌喔。

※2 鬚鯨：海豚和鯨魚大致可以分成有牙齒的齒鯨類，以及沒有牙齒的鬚鯨類。　　插畫、影像提供／PIXTA

使用超音波的海豚)))

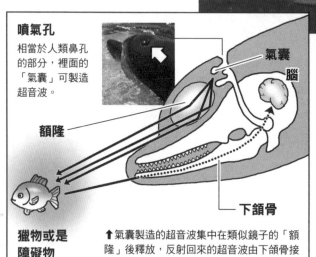

寬吻海豚

與蝙蝠一樣，海豚等齒鯨類生物也是額頭會朝獵物或障礙物發出人類聽不見的高音，也就是超音波，再根據反彈的聲音得知獵物的位置與大小、四周的環境狀態等。

噴氣孔

相當於人類鼻孔的部分，裡面的「氣囊」可製造超音波。

氣囊

腦

額隆

下頜骨

↑海豚的視力差，因此是用超音波代替，藉由超音波的反彈掌握前進時的四周狀況。與夥伴溝通也使用超音波。

嗶！

嗶！

獵物或是障礙物

↑氣囊製造的超音波集中在類似鏡子的「額隆」後釋放，反射回來的超音波由下頜骨接收後傳送到腦，透過這樣的方式來判斷與獵物之間的距離。

↑不只會發出超音波，也會發出人類聽得見的「口哨聲」，呼叫同伴。

發射強力超音波打擊獵物的抹香鯨

同樣是齒鯨類生物，抹香鯨也是從頭部發出超音波，但卻是打獵用，利用的是超音波能夠震盪物體的特性，抓住受到強烈超音波攻擊而麻痺的獵物享用。

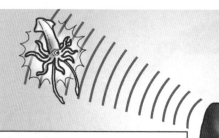

腦油

前鼻囊

骨

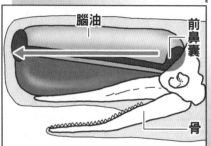

←抹香鯨晃動頭部的「前鼻囊」，製造超音波，接著由皮下脂肪團「腦油」大量釋放。腦油的角色與海豚的額隆相同。

用超音波對抗蝙蝠的蛾

蝙蝠發出超音波探測蛾等獵物的存在並捕捉享用，但蛾也不是省油的燈，能夠用超音波妨礙蝙蝠的超音波，「以聲音對抗聲音」。

↑也有蛾能夠發出超音波抵銷蝙蝠的超音波，避免蝙蝠察覺自己的位置。

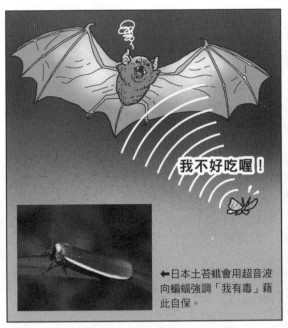

我不好吃喔！

←日本土苔蛾會用超音波向蝙蝠強調「我有毒」藉此自保。

人類也能夠感受到超音波！

人類照理說無法聽到超音波，不過聽到充滿超音波的海浪聲時，腦中的α波(※1)就會增加；與海豚一起游泳，感覺到牠們聲音的超音波成分時，β波(※2)就會增加。

海豚會把超音波集中後釋放喔！

在蝙蝠吃的蛾當中，多數在牠們翅膀下方的洞裡有耳膜，用這裡來感應蝙蝠發出的超音波，並決定現在該逃跑或是躲起來停止飛行。

這些蛾是害蟲，牠們的幼蟲以農作物為食，會造成農產損失。目前專家正在研究，以發射類似蝙蝠發出的超音波，來防止這些蛾飛進農作物裡產卵。由於這個方法可以避免使用殺蟲劑，有望能夠投入實際使用。

※1 α波：放鬆狀態下出現的腦波之一。 ※2 β波：腦波之一，一般是在有睡意的時候出現。

第三章 有這麼大的幫助！超音波與聲響

真是的，昨天我真的以為我們會墜落。

哇～要掉下去了！

可是我們本來不曉得，原來蝙蝠是發出超音波覓食呢。

超音波會直線前進，撞到物體就反彈，利用這種特性的不是只有蝙蝠喔。

還有其他生物也這樣嗎？

就是人類啊。

咦？

人類發明了許多利用超音波的技術。

70

今天就是來看其中一種。

什麼？在海上嗎？

找到了！我們上船吧。

這不是海釣船嗎？跟超音波有什麼關係？

突然跑上去不要緊嗎？

沒關係。

？

這個。

你們是誰？別來妨礙我們釣魚！

你看。

歡迎登船！請隨意吧。

咦？

只要使用「萬能通行證」，就可以自由進出任何場所。

怪不得他突然轉變態度！

XXIVXX

ALMIGHTYPASS

□□-□□

我想給你們看的東西在船長室裡。

嗨，歡迎。

船長好。

你是說那個吧！

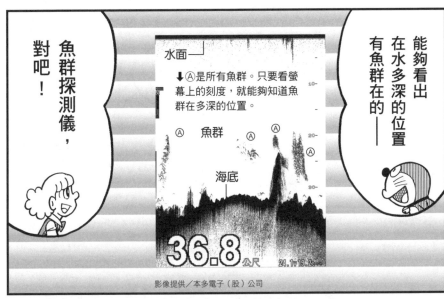

水面

↓Ⓐ是所有魚群。只要看螢幕上的刻度，就能夠知道魚群在多深的位置。

Ⓐ 魚群 Ⓐ Ⓐ

Ⓐ Ⓐ

海底

36.8公尺 24.1v19.2...

影像提供／本多電子（股）公司

能夠看出在水多深的位置有魚群在的──

魚群探測儀，對吧！

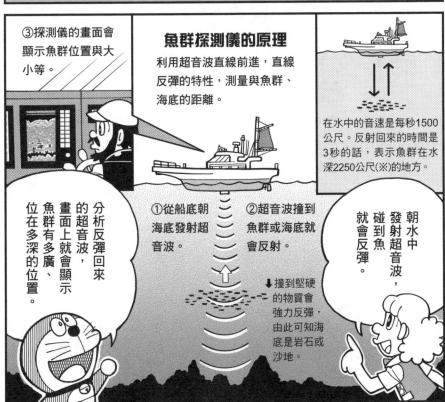

③探測儀的畫面會顯示魚群位置與大小等。

魚群探測儀的原理

利用超音波直線前進，直線反彈的特性，測量與魚群、海底的距離。

在水中的音速是每秒1500公尺。反射回來的時間是3秒的話，表示魚群在水深2250公尺（※）的地方。

①從船底朝海底發射超音波。

②超音波撞到魚群或海底就會反射。

↓撞到堅硬的物質會強力反彈，由此可知海底是岩石或沙地。

分析反彈回來的超音波，畫面上就會顯示魚群有多廣、位在多深的位置。

朝水中發射超音波，碰到魚就會反彈。

※ 計算水深的算式：1500×3÷2=2250

這艘海釣船的釣客是利用魚群探測儀得到的資訊在釣魚呢。

水深五百公尺處有一大群魚。

只要把釣線降在魚群在的地方，就很容易釣到魚了。

好！

海釣船和漁船配備有正式的魚群探測儀，

不過外面也有賣個人釣客專用的隨身型魚群探測器喔。

可拆卸
在湖泊或海浪平靜的海灣內釣魚時使用，也有可以裝設在承載人數少的小船上的探測器。

可與智慧型手機連動！
這種類型是利用漂浮在水面的感應器發射超音波，並在智慧型手機螢幕上顯示資訊的產品。

好，既然如此，

也可以讓我們釣釣看嗎？

請儘管釣。

※歡呼

我這輩子第一次釣到這麼多魚！

魚群探測儀真厲害！

......

嗯？

咦？

你們是誰？為什麼在這裡？

「萬能通行證」沒作用？

奇怪了......

怎麼回事？

啊！

什麼?!

慘了！通行證的期限只到今天的四點！

日常生活中的超音波❶ 利用「反射」的技術

超音波的特性是直線前進，撞到物體就反彈，除了漫畫中提到的魚群探測儀（參見73頁）之外，這種特性還可以做各種的應用。

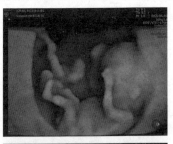
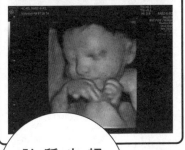

檢查肚子裡的胎兒

把超音波送進體內，根據反彈的方式，把肚中胎兒的模樣變成左邊的影像顯示出來。

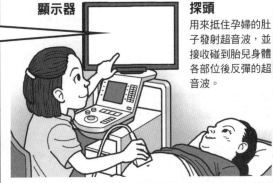

顯示器

探頭
用來抵住孕婦的肚子發射超音波，並接收碰到胎兒身體各部位後反彈的超音波。

←可得到類似照片的影像。↑不用切開身體或使用X光等會傷害身體的射線就能看見身體內部。

超音波在人體內部也能夠順利傳導，所以能夠用來檢查肚中胎兒。

直線前進，撞到東西就反彈

第77至79頁介紹的技術，全部都是使用根據超音波的往返時間，計算與物體間距離的「超音波感測器」。

超音波感測器

發射超音波 ──→ 直線前進

物體

接收超音波 ←── 碰撞反彈

距離 = 音速 × 時間 ÷2

以在水中為例，音速大約是每秒1500公尺，接著只要測量感測器射出超音波之後反彈的時間，套用上面的算式，就能夠計算出與物體之間的距離。音速與時間相乘得到的是感測器與物體之間往返的距離，所以最後要除以2。

（例）1500×6÷2 = 4500
直到海底的水深為4500公尺

影像提供／綱島醫院

檢查金屬腐蝕狀態)))

金屬是否在看不見的地方生鏽腐蝕（鏽蝕），也可用超音波檢查。這樣一來就能夠避免發生鐵柱腐蝕倒塌的意外。

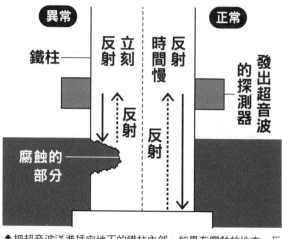

異常			正常
鐵柱	反射立刻	反射時間慢	發出超音波的探測器
	↑反射	↑反射	
腐蝕的部分			

↑把超音波送進插向地下的鐵柱內部，如果有腐蝕的地方，反射的時間就很短。透過這種方式，不用挖開底下也可以知道有異狀。

←鐵柱像這樣豎立在土壤裡時，從地面上看不出來，但是靠近地面底下的部分很容易腐蝕。

回報汽車附近有障礙物)))

有倒車偵測功能的車輛，在倒車時，車子後方會發出超音波，透過反射通知駕駛有無障礙物，以及與障礙物的距離。

※嗶嗶

ピーピー

這些都是人類不用親自出面就能辦到，十分便利喔！

←會從駕駛座位區通知與障礙物之間的距離，或是在快要撞上時發出警示音。順便一題，障礙物如果是像玻璃這類透明物質，超音波也能夠反射，用不著擔心。

與超音波同樣是「波」的無線電波，也具有「直線前進後反彈」的特性，因此常用來測量距離。

但是超音波的速度在空氣中大約是每秒三百四十公尺，相反的，電波（無線電波）大約三十萬公里。如果朝附近的物質放出電波的話，因為反射的速度太快，難以測量時間，所以不適合測量短距離。

也因為這樣，慢得恰到好處的超音波經常用來測量數十公尺以下的距離，而電波則用在測量數十公里以上的距離。

檢查有沒有車)))

道路上設置的感測器發射超音波，檢查有無車輛，再反應到號誌燈變燈的循環上，就能夠避免車流與人流受阻。

號誌燈Ⓑ

道路Ⓑ的交通量少，只要沒有車輛通行，就一直保持紅燈。

號誌燈Ⓐ

道路Ⓐ的交通量多，因此通常是一直綠燈，避免車流停止。

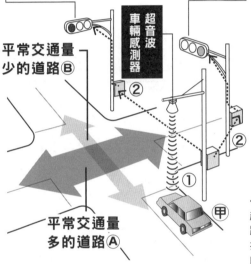

超音波車輛感測器

平常交通量少的道路Ⓑ

平常交通量多的道路Ⓐ

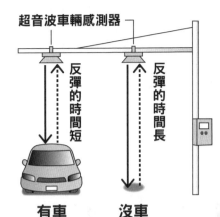

超音波車輛感測器

反彈的時間短

反彈的時間長

有車　　沒車

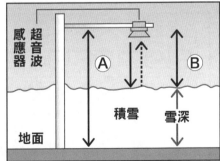

↑經過十字路口時注意往上看，你或許會看到像這樣的車輛感測器。

←交通量差異很大的兩條道路交會的十字路口。超音波車輛感測器①檢測到號誌燈為紅燈的Ⓑ道路上停了車輛。從車輛感測器②附近的裝置發送指令，將道路Ⓑ的號誌燈號變為綠燈、道路Ⓐ上的燈號變為紅燈。這麼一來，甲車就能夠通過十字路口了。

測量雪的深度與海浪高度)))

原理與魚群探測儀（參見73頁）相同，能夠測量積雪與浪高，不需要真人實際到場。

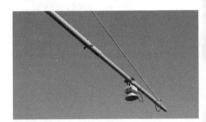

感應器　超音波

Ⓐ　Ⓑ

積雪　雪深

地面

↑從感應器發射的超音波撞到雪面反射的時間，可得知Ⓑ的距離。更進一步的，用感應器與地面的距離Ⓐ減掉Ⓑ，就能夠得知雪深。

←海底的波浪儀測量朝海面發射超音波反射的時間，就能夠得知浪高。

釣魚釣得太認真，肚子都餓了。

拉麵店！

哦哦！

那個！

!?

我們下去看看吧。

!

※小聲說

搞不好他是想請我們？

我提議下來看看是因為這裡跟超音波有關。

※煎餃

不是啦！是那個招牌用了超音波！

我都不曉得，原來拉麵是用超音波煮的？

咦？

大雄，你手伸過去看看。

不會燙嗎？

不會啦。

※膽顫心驚

そおおぉ...

那個叫「蒸氣招牌」。

祕密就在散發出的「水蒸氣」裡。

拉麵

不燙耶!?

那個不是熱氣嗎?

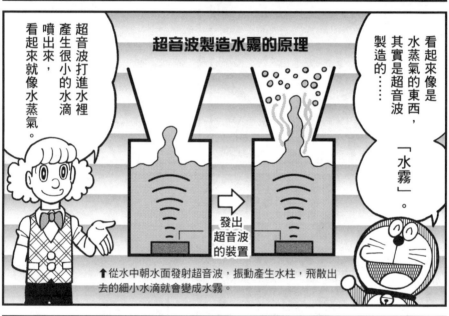

超音波製造水霧的原理

超音波打進水裡產生很小的水滴噴出來,看起來就像水蒸氣。

看起來像是水蒸氣的東西,其實是超音波製造的⋯⋯「水霧」。

↑從水中朝水面發射超音波,振動產生水柱,飛散出去的細小水滴就會變成水霧。

發出超音波的裝置

蝙蝠和魚群探測儀是利用超音波直線前進後反射的特性。

蒸氣招牌好像不一樣呢。

沒錯。

※啦～　※匡啷、鏘啷

喂，我聽到嘍！

小事一椿。

可是剛剛那招胖虎也會啊。

※轟隆隆

飛機低空飛過時，引擎聲會使玻璃窗發出聲響，也是同樣情況。

這我遇到過！

嘎啦

嘎啦

聲音會使物體振動。

聲音可以弄破玻璃杯，是因為振動太強了。

原來蒸氣招牌的水霧，是超音波振動水產生的。

除了蒸氣招牌外，還有其他東西用到超音波製造的水霧嗎？

當然有！

這裡也有！那裡也有！超音波水霧

超音波水霧的水滴比水蒸氣更細緻，而且不加熱就能製造，所以觸碰後也不會沾溼手，能夠保持乾爽。一開啟電源就會產生水霧，而且可以在短時間內大量製造，種種優點，因此廣泛運用在各種地方。

防止乾燥，保持溼度

最常見的用途就是防止室內乾燥的家用加溼器。超音波水霧加溼器的電費比使用水蒸氣的產品低廉，產品尺寸也多半小巧，而且沒有加熱器也沒有風扇，使用時很安靜。

←栽種蕈菇等需要高溼環境的作物，可選擇這類業務用的加溼器。蕈菇喜歡溼氣，但潮溼又會腐爛，所以最適合使用乾爽的超音波水霧。

室內除菌、除臭

把除菌劑、除臭劑霧化後，即使是寬敞空間，也能夠在短時間內擴散到每個角落。也有單一機器就能同時做到加溼、除菌、除臭。

把影像投射在水霧上

與一般的螢幕不同，只有產生水霧時會出現影像，而且水霧是透明的，因此從另外一側也能夠看到影像。

水霧製造技術已經應用在各種地方了。

影像提供／ IRIS OHYAMA（股）公司Ⓐ、Wetmaster（股）公司Ⓑ、星光技研（股）公司ⒸⒹ

85

超音波水霧沒有經過加熱，所以很安全。

水蒸氣接近 100℃，一碰到有燙傷的危險。

必須加熱到一定時間才會產生水蒸氣。

也比加熱製造水蒸氣節省能源。

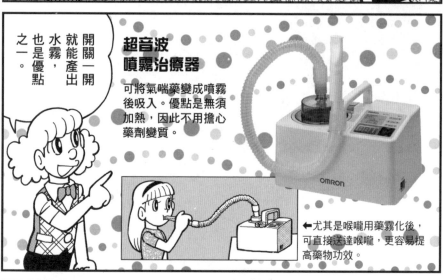

超音波噴霧治療器

可將氣喘藥變成噴霧後吸入。優點是無須加熱，因此不用擔心藥劑變質。

開關一開就能產出水霧，也是優點之一。

←尤其是喉嚨用藥霧化後，可直接送達喉嚨，更容易提高藥物功效。

利用超音波振動的技術，除了製造水霧之外，還有其他許多功用喔。

胖虎的歌聲或許也有用處吧……

大雄你說什麼？

請問……

你們在排隊嗎？

什麼時候排起隊來了⋯⋯

在非用餐時間居然有六個人在排隊⋯⋯

表示這家一定是隱藏名店吧！

咦？外面為什麼這麼吵？

唉，今天也沒半個客人⋯⋯

再這樣下去店就要倒了。

※興奮、嘈雜

※嘈雜

※喧鬧、嘈雜

啊，抱歉，我們沒有在排隊，你先請。

怎麼會有這麼多人在排隊!?

太好了！

我們只是碰巧路過……

原來是人氣超好的名店啊。

莫名其妙大爆滿！

是因為最近剛裝的蒸氣招牌嗎？

※熱鬧

看到這麼多人就莫名想吃了……

但看來要等很久。

別擔心，我們用「美食桌巾」吃吧。

快拿出來吧！

※熱鬧

88

日常生活中的超音波❷ 利用「振動」的技術

超音波有可以使物體產生微小振動的特性，不僅能夠製造噴霧，也應用在醫療和製造業等各式各樣的領域。

用超音波振動水清洗)))

利用水振動產生的氣泡，連眼睛看不見的細小髒汙都能脫落。超音波清洗機除了可以清洗眼鏡，還能夠清洗下面這些物品。

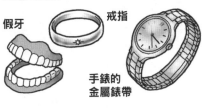

假牙　　　　戒指

手錶的
金屬錶帶

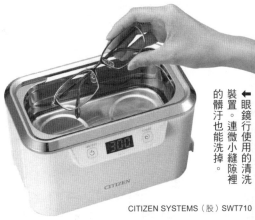

←眼鏡行使用的清洗裝置。連微小縫隙裡的髒汙也能洗掉。

CITIZEN SYSTEMS（股）SWT710

超音波清洗機的原理

只要一點點清潔劑就夠了？

★超音波清洗機的清洗力道很大，有些東西放進去會受損，必須注意！

❶產生氣泡

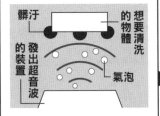

髒汙
想要清洗的物體
發出超音波的裝置
氣泡

底部的裝置在水中釋放數萬赫茲的超音波，水受到激烈的震盪，就會產生細小氣泡。

❷彈開的氣泡去除汙垢

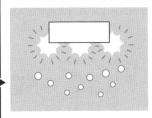

氣泡碰撞到清洗的物品之後彈開，瞬間產生巨大力量，這股力量能夠去除汙垢。

←也有一種洗碗機是在流理檯水槽內裝滿水，把餐具等泡在水裡，再放入發射超音波的機器。這種洗碗機與固定式洗碗機不同，優點是不佔空間。

超音波用在醫療上)))

摘除壞掉的部分，或是進行安全的手術，也會利用超音波的振動特性。

用超音波去除牙結石

以震盪脫落或擊碎的方式清除牙結石（唾液中的石灰成分依附包裹在牙齒表面的物質）。

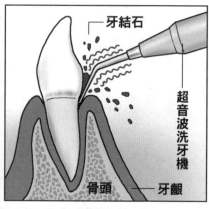

↑使用工具摩擦清除牙結石，容易破壞牙齒，用這個方法不會直接碰到牙齒，比較放心。

用超音波震碎結石

腎臟產生的「結石」不需要開腸剖肚動手術，利用超音波的強力振動就能擊碎。

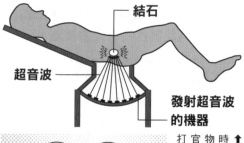

↑如圖中所示，成排的機器朝著結石同時發射超音波。←結石是尿液內的老廢物質凝結而成的，容易形成在腎臟等器官，一旦變大就會覺得痛。使用超音波打碎後，就能夠隨著尿液排出體外。

手術中使用的超音波手術刀

又稱為「音波刀」、「諧波刀」、「超音波刀」，這種手術專用器械在手術刀頂端有超音波產生振動，在割開身體的同時就能夠使出血凝固，不需要用線縫合血管止血，出血量少，因此能夠縮短手術時間，對身體的負擔也較小。

影像提供／Olympus Marketing, Inc.

用超音波振動的尖端進行切割

不需要黏著劑，短時間內就能黏合，太強了！

左頁沒能夠介紹到，但「超音波加工法」之中還有一種是「超音波切割」。

各位是否也有過這種經驗，切蛋糕時刀子必須貼在蛋糕上拉扯，所以容易破壞蛋糕的外型。但如果是使用超音波振動切割刀，就算是柔軟的食品也能夠切割得很漂亮。

耗費的時間少，無須費力也能切開，所以也常用來切割瓦楞紙箱、橡膠製品等。

超音波加工法)))

工業上也利用超音波產生的振動把物體削細或相黏等。

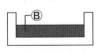

放大圖

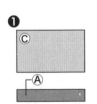

甲

↑矽基陶瓷（結構陶瓷之一）圓盤上的小洞，直徑僅有0.8毫米。
↘ 玻璃上也能夠刻出如此細緻的紋路。

乙

用超音波打洞

從上方 ⬇ **施加壓力**

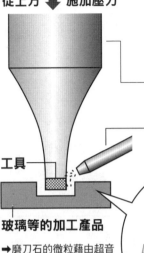

材質又硬又容易破裂的陶瓷（以及玻璃、陶器等），很難以一般工具加工，改用超音波振動的話，即使是精細的加工也能做到。

發射超音波使工具振動的機器

噴出磨刀石微粒的機器

工具

磨刀石微粒

玻璃

玻璃等的加工產品

➡磨刀石的微粒藉由超音波的振動與玻璃碰撞，用這種方式削玻璃。

用超音波黏合

不織布口罩與耳繩等，如下圖所示，是利用超音波振動，讓材料相互摩擦生熱，利用這個熱融化材料相黏。只要一秒鐘就能完成。

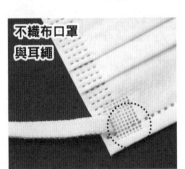

不織布口罩與耳繩

丙

食品包裝

牙膏等軟管的尾端

丁

❶

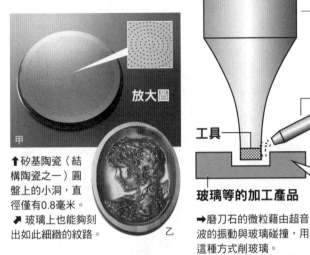

ⓒ

Ⓐ

Ⓑ

↑使用會發出超音波的機器ⓒ，把準備相黏的材料Ⓐ和Ⓑ壓在一起。

❷

一邊振動一邊壓合
⬇

↑用超音波振動Ⓐ，Ⓐ和Ⓑ之間生熱，就會局部融化相黏。

❸

↑等到熱降溫後，移開發出超音波的機器ⓒ，取出黏在一起的Ⓐ和Ⓑ。

↑兩者的虛線範圍內都是用超音波相黏的部分。融化塑膠等材料本身使之相黏，所以不需要黏著劑。

影像提供／日本電子工業（股）甲乙、PIXTA丙丁

※吸吸

想吃什麼都會出現的「美食桌巾」最棒了！

原來我們身邊……

有很多使用超音波的技術。

因為聽不見，所以不會注意到。

※嗡嗡、嘆嘆、匡匡、嘎嘎

也有很多技術是使用聽得見的聲音喔。

比方說這裡的汽車和施工噪音有點吵……

※嘟嚕嚕嚕、匡匡

有一種技術能夠用聲音遮蔽噪音。

遮蔽噪音？

對面正好有一棟高樓，我們去那邊看看吧。

哇！玻璃帷幕的景色超棒！

聽說頂樓是觀景台。

真期待。

風景真美！

那個不是富士山嗎？

回到這棟大樓剛蓋好的時候吧。

我們就用「時光腰帶」，

對了，「遮蔽噪音」怎麼做？

你們覺得剛才搭的電梯如何？

沒特別……注意

※咻

※咻咻咻咻咻

這次我們搭電梯下樓吧。

什麼意思？

大樓才剛蓋好，所以室內的牆壁全都是裸露的。

好吵喔。

雖然比不上胖虎的歌聲。

這個聲音？

那個聲音是電梯升降時會產生的「風嘯聲」。

尤其是這種高樓大廈的電梯速度很快，風嘯聲就會特別明顯。

※咻咻咻咻

可是我們一開始搭電梯時沒聽到吧？

與大樓剛完工時的電梯有哪裡不同嗎？

剛完工　現在

我們回去原本的時代再搭一次電梯。

播放著背景音樂！

有音樂！

一開始搭的時候沒注意到呢。

奇怪？

播放背景音樂就能夠避免聽到風嘯聲了。

大樓剛蓋好的電梯沒有播放音樂，所以聽得見風嘯聲。

「遮蔽噪音」原來是這個意思啊！

※喀嚓喀嚓、嗡嗡

本來很大的聲音一旦消失，就會聽到小聲音吧？

電梯的風嘯聲正好是相反的情況。

順帶一提，用聲音遮蔽噪音的技術，也應用在電梯以外的地方。

並非所有聲音都能夠遮蔽噪音。

的確，假如是比噪音更大的聲音，就算遮蔽過去也會覺得吵。

環境音是指「生活中能聽見的聲音」，也稱為「白噪音」。水聲就是其中的代表。

➡飯店大廳的噴泉不只是提供遊客觀賞，噴泉的水聲也有助於遮蔽談話聲和腳步聲。

⬅能播放河流流水聲等聲音的廁所，可以避免上廁所的聲音被聽見，讓使用者安心使用。

除了背景音樂之外，很多時候也用水聲等「環境音」遮噪。

沒錯，所以用「愉悅的聲音」遮蔽很重要。

愉悅的聲音？

環境音是我們身邊常有的聲音，因此就算有點大聲也不會太在意。

⬇下面這些環境音是我們聽習慣的聲音，與談話聲等相比，較不易注意到，所以很適合用來遮蔽噪音。

鳥鳴聲　　　篝火聲　　　街頭嘈雜聲

可是「遮蔽」只是蓋過其他聲音……

所以噪音本身沒有消失對吧？

也有「消除」的技術喔。

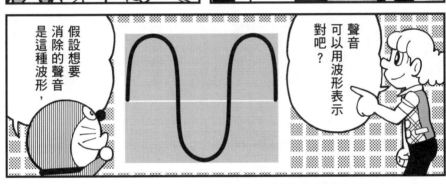

聲音可以用波形表示對吧？

假設想要消除的聲音是這種波形，

主動降噪也像電梯的背景音樂一樣廣泛利用嗎？

當然。

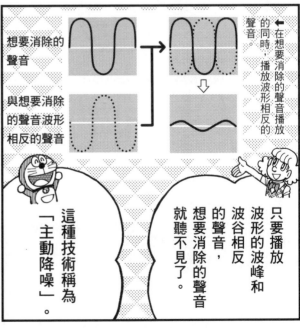

← 在想要消除的聲音播放的同時，播放波形相反的聲音

想要消除的聲音

與想要消除的聲音波形相反的聲音

只要播放波形的波峰和波谷相反的聲音，想要消除的聲音就聽不見了。

這種技術稱為「主動降噪」。

主動降噪的魔法

主動降噪（Active Noise Cancellation，簡稱ANC）是利用其他聲音消除不想聽到的聲音。這種技術在我們日常生活中隨處可見。

可專注在音樂上的耳機)))

抵銷耳機外部雜音的聲音，與想聽的音樂等同時播放，這樣就能夠只清楚聽見想聽的聲音了。

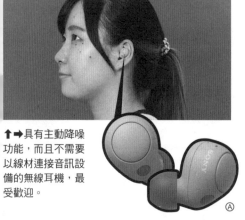

↑➡具有主動降噪功能，而且不需要以線材連接音訊設備的無線耳機，最受歡迎。

Ⓐ

耳機外部的雜音　**麥克風**

製造並播放聲音抵銷麥克風收集到的雜音。雜音與抵銷音進入耳朵，幾乎就不會聽見雜音。

降噪裝置

揚聲器

抵銷雜音的聲音

←適合在電車等噪音太大的場所戴上。但是有些產品只要使用降噪功能，電池的電量就會快速消耗。

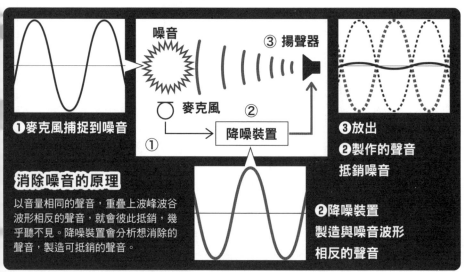

噪音　③ **揚聲器**

麥克風　②

降噪裝置

①

❶麥克風捕捉到噪音

❸放出
❷製作的聲音
抵銷噪音

消除噪音的原理

以音量相同的聲音，重疊上波峰波谷波形相反的聲音，就會彼此抵銷，幾乎聽不見。降噪裝置會分析想消除的聲音，製造可抵銷的聲音。

❷降噪裝置
製造與噪音波形
相反的聲音

★不同廠牌的名稱不同，有的稱「降噪」有的稱「消噪」，不過功能都一樣。

98

阻絕轎車車內的噪音 》》

抵銷行駛時進入車內的各種不舒服的低音，保持車內安靜舒適。

進入車內的噪音

引擎的悶擊聲
車體的風嘯聲
排氣時的聲音
輪胎輾過路面的聲音

①裝設在車頂的麥克風，收集車內的噪音傳送到降噪裝置。

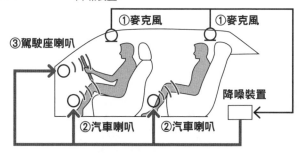

③駕駛座喇叭
①麥克風　①麥克風
降噪裝置
②汽車喇叭　②汽車喇叭

②③降噪裝置製造抵銷噪音的聲音，從駕駛座和車門的喇叭播放，減少噪音。多數汽車製造商使用的麥克風與喇叭的位置，視廠牌與車種等各有不同。

減少建設機具發出的噪音 》》

建設機具的引擎發出的低音會繞射，很難解決。因此會在噪音產生的地方裝設降噪裝置來降低噪音。除了建設機具之外，會發出低音噪音的發電機等也適用。

揚聲器

噪音產生的位置

收集噪音的麥克風

Ⓑ

↑產生噪音的引擎排氣口附近就有麥克風和揚聲器。兩個揚聲器對準排氣口播放抵銷聲。

在現場即時製造抵銷噪音的聲音！

主動降噪的優點就是不需要繁複的隔音工程，只要裝設捕捉噪音並製造抵銷音的小型機器，就能夠解決了。

但是，主動降噪也有下一頁將介紹的「極限」。主動降噪比較適合在這裡介紹的密閉空間、靠近噪音源頭的場所使用。目前還在進行研究，希望今後也會有家庭和辦公室等開放空間也能使用的主動降噪設備。

影像提供／SONY（股）公司Ⓐ、戶田建設（股）公司Ⓑ

能夠用主動降噪功能消除所有噪音的話⋯⋯

世界就會舒服很多！

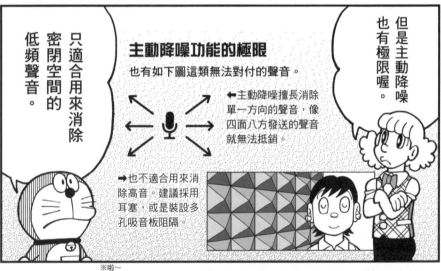

但是主動降噪也有極限喔。

主動降噪功能的極限

也有如下圖這類無法對付的聲音。

←主動降噪擅長消除單一方向的聲音，像四面八方發送的聲音就無法抵銷。

➡也不適合用來消除高音。建議採用耳塞，或是裝設多孔吸音板阻隔。

只適合用來消除密閉空間的低頻聲音。

⋯⋯這樣啊

要消除「那個」果然是不可能的⋯⋯

?

我都不知道原來抑制噪音的技術有那麼多種。

充滿愉悅聲音的環境⋯⋯是我們人類一直在追求的。

如果這個世界沒有聲音，也就不用為噪音煩惱了對吧？

原來如此，這樣好像不錯！

可是

※靜～

※嘟嚕嚕嚕

這時候就要拿出「如果電話亭」，對著話筒許願就會實現。

太棒了！可以體驗無聲的世界了！

如果這個世界沒有聲音⋯⋯

我們去大廳看看吧。

101

太驚人了，我發不出聲音，也聽不見人聲和車聲。

有話要說就寫在紙上。

幾分鐘後

我一開始以為聽不見彼此的聲音只是有點不太方便。

我還以為安靜會感到平靜，

可是……反而變得很焦慮。

底下照片是「無響室（Anechoic Room）」，不僅外面的聲音無法進入，內部的聲音也幾乎都會被吸收。但是實驗結果顯示，進入無響室的人，過不了多久就會出現暈眩等症狀。

而且聲音能夠告訴我們許多資訊，所以少了聲音就會產生各種不便。

其實人類處於無聲狀態，會倍感壓力。

←汽車的引擎聲雖然是噪音，但換個角度來看，這個噪音也可以讓我們知道有車靠近。安靜不見得是最好。

影像提供／photolibrary　　　　※引擎聲

啊！

可以聽見人聲和車聲了！

就算是聽到噪音也會覺得感謝。

一旦體驗過無聲的世界⋯⋯

果然還是充滿聲音的世界比較好！

※叭叭、嗡、嘈雜、嘎嘎嘎、匡鏘鏘

嗯嗯，

這時就輪到本大爺出場了。

讓我帶著對有聲世界的感謝⋯⋯

高歌一曲吧！

喂！

贊成！

那要不要來我的研究室？

好主意！

我突然很想聽響大哥的演奏。

何謂噪音？有消除的方法嗎？

造成心情不愉快、妨礙睡眠的噪音，有時「製造者」與「受害者」聽到的感受不同，噪音問題目前也正在某處發生中。

噪音是什麼樣的聲音？

感受因人而異，因此很難定義到底什麼是噪音。底下是根據音量大小設定的參考標準。

←即使是同樣音量，在街上不覺得吵，但是在圖書館裡往往就會變成噪音。

街上　　　圖書館

噪音的個人感受參考值

音量大小	噪音的感受範例	
20分貝	樹葉摩擦的聲音	安靜
40分貝	圖書館裡	普通
60分貝	一般對話	普通
80分貝	救護車的警笛聲	吵
100分貝	地下鐵車站內	很吵
120分貝	飛機引擎附近	聽力會產生異狀？

※參考「日本建築學會編撰／建築物隔音功效標準與設計指南」製表。

住宅區的噪音標準

白天	55 分貝以下
夜晚	45 分貝以下

↑日本環境省（相當於台灣的環境部）制定的環境標準。這裡的「白天」是指早上六點到晚上十點，「夜晚」是指晚上十點到次日早上六點的時段。

即使是標準規定的分貝數不見得就不會覺得吵，這就是噪音問題定義標準的難處。

上面的表格終究只是「參考值」，這並不是在說用五十分貝的音量說話也沒關係，要看時間和場合等條件，有時這樣的音量也會覺得太吵。

我們不用拿胖虎的歌聲舉例都會知道，製造噪音的人都會覺得很小聲，受到噪音侵擾的人都會覺得很大聲。噪音製造者能夠懂得站在受害者立場著想，這才是解決噪音問題最快的捷徑。

104

降低噪音的巧思 >>

降低噪音的方式大致上可以分成右邊兩種。我們來看看套用在汽車上，是如何處理噪音問題吧。

① 縮小聲音本身

② 避免聲音擴散

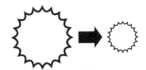

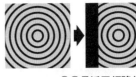

汽車發出的噪音

① 引擎聲
Ⓐ
② 路面噪音
③ 車體的風嘯聲
④ 排氣聲

←①④最近已經降低，而且在電動汽車上不會產生。③是在高速行走時會很大聲。輪胎與路面摩擦產生的②則成為最大的問題。

鋪設降噪路面減少噪音等

為了改善道路排水而鋪設的多孔隙瀝青混凝土（簡稱PAC）※，具有水分可滲透的隙縫，已知也能夠降低路面噪音。1990年代起普遍鋪設在日本全國。

※ 譯注：台灣目前也有部分縣市、部分道路擴大辦理鋪設。（參見：台北市政府工務局新建工程處）

Ⓑ

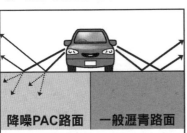

降噪PAC路面 | **一般瀝青路面**

↑一般瀝青路面會反射路面噪音，降噪PAC路面的孔隙則會吸收部分噪音。

車胎的「胎紋」製造路面噪音

胎紋的用途是為了避免行駛在潮溼路面上打滑，但是暫時封在車胎胎紋和路面之間的空氣再度釋出時，就會產生路面噪音（右下圖）。鋪設在路面的新型「瀝青」也能夠減少這種噪音。

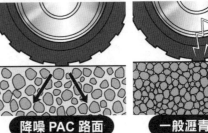

降噪 PAC 路面 | **一般瀝青路面**

↑進入胎紋溝的空氣可以暫時躲進PAC路面的孔隙內，這樣就能降低路面噪音（上左圖）。

設置阻絕聲音的隔音牆

降噪PAC路面是「縮小聲音本身」的方法，設置在道路和鐵路等兩側的隔音牆則是「避免聲音擴散」的方法。

← 隔音牆上有許多可吸收聲音的孔洞等，運用了許多技術降噪。

→ 隔音牆設計得比汽車高，是為了讓噪音在牆內繞射。儘管如此還是無法完全阻擋。

隔音牆

插圖、影像提供／PIXTAⒶⒷ、photolibraryⒸ

幾天後，在響的研究室

我才要謝謝你們願意聽我最近錄下的這些演奏樂曲。

好棒！好像親臨演奏會現場。

來看看錄音當時的情況吧。

用能夠看到過去與未來的「時光電視」，

對。

你是用智慧型手機錄音後播放嗎？

※取出

你把手機裝上麥克風用來錄音。

單靠手機的麥克風也可以，不過外接麥克風能夠錄到更好的音質。

※啦～

麥克風不是唱歌時使用的東西嗎？

麥克風的用途不是只有傳遞聲音，也可以收集聲音。

胖虎的麥克風還有兇器的用途……

麥克風是能夠把收到的聲音，也就是空氣振動，轉變成波形相似的「電訊號」的裝置。

動圈式麥克風的原理

聲音
振膜
線圈
磁鐵
①
②
③
電訊號

①以聲音（空氣振動）移動振膜，②與振膜相連的線圈（由金屬導線捲成）就會連動，③線圈作動就會產生電流通過。

→①捲在磁鐵上的線圈作動，就會②通電。麥克風利用這點，把空氣振動轉換成電訊號（圖左）。另一方面，③繞在磁鐵上的線圈一通電，④線圈就會作動（圖右）。揚聲器（參見108頁）就是利用這個原理。

線圈
①
②
③
④
磁鐵

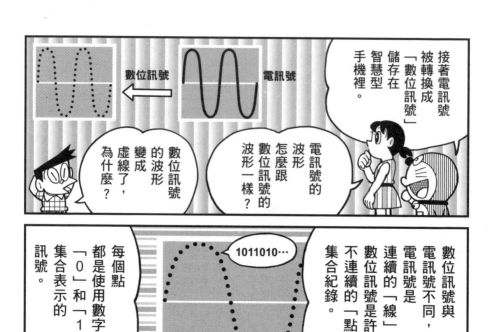

接著電訊號被轉換成「數位訊號」儲存在智慧型手機裡。

電訊號的波形怎麼跟數位訊號的波形一樣？

數位訊號的波形變成虛線了，為什麼？

數位訊號與電訊號不同，電訊號是連續的「線」，數位訊號是許多不連續的「點」的集合紀錄。

1011010…

每個點都是使用數字「0」和「1」的集合表示的訊號。

那現在正在播放的響大哥的演奏呢？

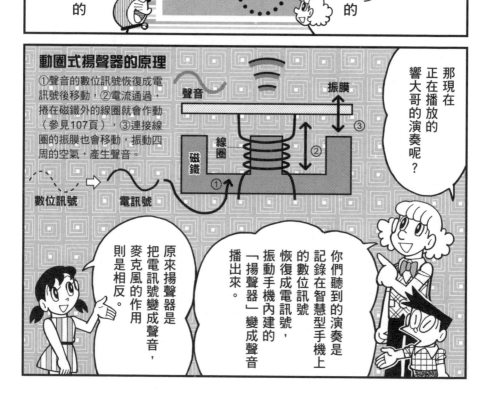

動圈式揚聲器的原理

①聲音的數位訊號恢復成電訊號後移動，②電流通過，捲在磁鐵外的線圈就會作動（參見107頁），③連接線圈的振膜也會移動，振動四周的空氣，產生聲音。

聲音

振膜

③

線圈

②

磁鐵

①

數位訊號　電訊號

你們聽到的演奏是記錄在智慧型手機上的數位訊號恢復成電訊號，振動手機內建的「揚聲器」變成聲音播出來。

原來揚聲器是把電訊號變成聲音，麥克風的作用則是相反。

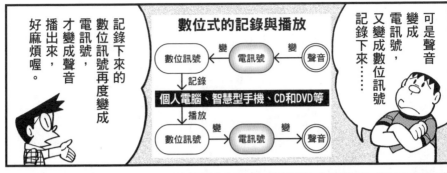

數位式的記錄與播放

聲音 → 變 → 電訊號 → 變 → 數位訊號

→ 記錄

個人電腦、智慧型手機、CD和DVD等

→ 播放

數位訊號 → 變 → 電訊號 → 變 → 聲音

可是聲音變成電訊號，又變成數位訊號記錄下來……

記錄下來的數位訊號再度變成電訊號，才變成聲音播出來，好麻煩喔。

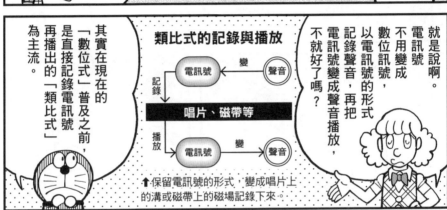

類比式的記錄與播放

聲音 → 變 → 電訊號

→ 記錄

唱片、磁帶等

→ 播放

電訊號 → 變 → 聲音

↑保留電訊號的形式，變成唱片上的溝或磁帶上的磁場記錄下來。

就是說啊。電訊號不用變成數位訊號，以電訊號的形式記錄聲音，再把電訊號變成聲音播放，不就好了嗎？

其實在現在的「數位式」普及之前，是直接記錄電訊號再播出的「類比式」為主流。

黑膠唱片的錄音與播放原理

←鋼針配合聲音的振動，在旋轉的黑膠唱片表面刻下溝槽錄音。

→播放時，唱針沿著唱片的環狀溝槽（音軌）振動，將這個振動變成電訊號就會產生聲音。

黑膠唱片的話，我爸爸有在聽喔。

數位式記錄與播放的代表就是CD，類比式代表則是黑膠唱片。

唱針

溝

CD的錄音與播放原理

←錄音時，數位訊號資訊在CD背面留下凹凸刻痕（左側的電子顯微鏡照片）。播放時，以雷射光照射這個凹凸刻痕，從反射的光讀取資訊。

影像提供／東海電子顯微鏡解析（股）公司

我們就用「物體變換巾」暫時借用一下小夫家的黑膠唱盤吧。

只要把這塊布蓋在某個東西上，說出想要交換的物品名稱，就會變成那個物品了。

就用這個咖啡杯交換吧。

※啪沙

變成小夫家的黑膠唱盤。

嘿！

真的變出我們家的黑膠唱盤了！

好了！

咖啡杯怎麼可能變成……

110

奇怪？

黑膠唱盤不見了。

這個咖啡杯沒看過。

是媽媽新買的嗎？

※嘆嘆嘆

好久沒用黑膠唱片聽音樂了。

這張唱片我爸常在聽，很有歷史價值喔。

那是什麼聲音？

111

我知道！唱片發出聲音是因為唱針經過音軌溝槽的關係。

黑膠唱片受損的主要原因

沒錯，溝槽因為各種原因受損了，所以會有雜音。

→使用過度、唱針的針尖磨損變圓，進入溝槽就會造成破壞。

針尖變圓的唱針

黑膠唱片

積在溝槽裡的灰塵

←靜電導致溝槽裡沾滿灰塵，唱針一落下，就會破壞溝槽。

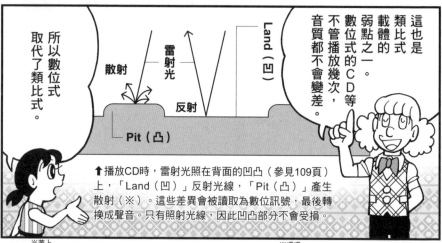

★這張圖的CD是背面朝上。

這也是類比式載體的弱點之一。數位式的CD等不管播放幾次，音質都不會變差。

Land（凹）

散射　雷射光　反射

Pit（凸）

所以數位式取代了類比式。

↑播放CD時，雷射光照在背面的凹凸（參見109頁）上，「Land（凹）」反射光線，「Pit（凸）」產生散射（※）。這些差異會被讀取為數位訊號，最後轉換成聲音。只有照射光線，因此凹凸部分不會受損。

※蓋上

該送回去了。回到原處吧！

※嘆嘆

還有其他幾種數位式勝過類比式的東西……

播完了。

※散射：表面凹凸不平的物體一旦受光，光線就會朝四面八方反射出去。

這是法國製的吧。風格看起來很懷舊。

這就拿來喝咖啡。

咖啡真香。

※倒

※啪

「物體變換巾」真是有趣的法寶！

瞬間就能夠把兩個東西對調。

真厲害！

※啪沙啪沙

黑膠唱片的聲音別有一番韻味呢。

奇怪！

怎麼會!?

想要知道更多！數位與類比

類比聲音是如何變成數位聲音的？數位聲音與類比聲音相比，又有什麼優秀之處？諸如此類的疑問，都將在這裡一次解決！

數位與類比 的差異

即使兩種的波形相同，「類比」訊號是相連的「線」，「數位」訊號則是不連續的「點」集合。

數位記錄的聲音

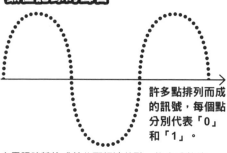

許多點排列而成的訊號，每個點分別代表「0」和「1」。

↑電訊號轉換成彼此不相連的點，集合成數位訊號的波形記錄下來。

類比記錄的聲音

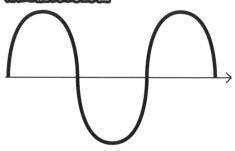

↑與原始聲音波形十分相似的類比式訊號，轉換成電訊號後記錄下來（參見108頁）。

←黑膠唱片就是類比式記錄聲音最具代表性的例子。鋼針因聲音而振動，在圓盤（唱片）表面刻下溝槽錄音。
Ⓐ

→卡式錄音帶是藉由磁力把電訊號記錄在「磁帶」上。
Ⓑ

Ⓒ

Ⓓ

↑「數位記錄的聲音」儲存在CD和DVD等，或是記錄、保存在個人電腦和網路上，提供我們日常生活中聆聽。

Ⓔ

←用智慧型手機聽取的聲音，當然也是數位記錄的聲音。

類比→「連續」；數位→「不連續」

我們以時鐘為例，說明數位與類比的差別。數位就像數字鐘，秒與秒之間的時刻不會顯示出來（不連續）；類比則是指針鐘，每分每秒的時刻都會表示出來（連續）。

類比訊號轉換成數位訊號

按照①～④的順序將音樂數位化，把原聲切分成小段，變成散開的點，再進一步四捨五入。這個過程雖然會「省略」很多音，但聽起來與原聲幾乎一樣。

❶用麥克風等裝置收集聲音，轉換成類比訊號

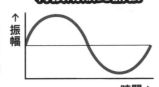

↑振幅
時間→

←聲音無法一下子就轉換成數位訊號，需要先變成聲音波形相似的類比訊號。

❷訊號以固定的時間間隔分切成片段，再測量每個片段的振幅值

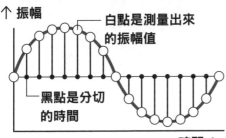

↑振幅

白點是測量出來的振幅值

黑點是分切的時間

時間→

↑按照時間切分成小段後，測量類比訊號的振幅值。本圖顯示的是簡略版的切分方式，如果以CD為例，實際上每秒是切分成4萬4100段。

❸測量好的振幅值四捨五入後分級距

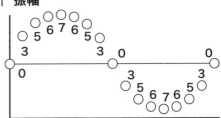

↑振幅
5 6 7 6 5
3　　　3　0　　　　0
0
3　　　3
5 6 7 6 5
時間→

↑測量出的振幅值不一致，所以要四捨五入分級距。本圖的分級只有省略到8階，但實際上以CD來說，會分成6萬5536階。

❹替換成0和1並列的訊號

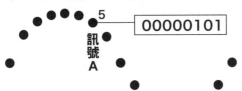

5
訊號A
`00000101`

←配合分好的級距，按照某種規則，替換成「0」和「1」排列而成的訊號。級距5的訊號A就會變成「00000101」。

原聲被省略了很多音。

CD的訊號切分是每秒四萬四千一百段，振幅值級距可以分為六萬五千五百三十六階，與原聲幾乎沒有差別。

但是在被稱為「高解析度音訊（High-definition audio或Hi-Res audio）」的聲音中，在「切分」和「級距」上分得更細，因此更加大幅提升CD的音質。聆聽高解析度音訊有電池耗電快等缺點，不過二〇一〇年代之後已經逐漸普及。

※CD的標準為 44100 赫茲與 16 Bits（即為 2 的 16 次方 = 65536 階）

數位音樂在這方面最厲害！

耗時費力數位化的音樂，具有非常多的優點。

類比→雜音改變原聲

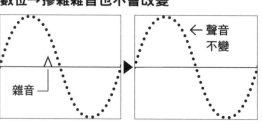

←聲音改變

雜音

數位→摻雜雜音也不會改變

←聲音不變

雜音

●不受雜音影響

錄製的聲音在播放時，有時會聽到一些雜音。假設原聲是「1」，雜音是「0.1」，類比音樂如果錄到雜音，原聲就會變成是「1.1」或「0.9」，但數位音樂會四捨五入保持在「1」。

↑來自附近的電視、行動電話等電子裝置的電磁波、音響主機散熱不良等，都是摻入雜音的原因。

不管播放幾次，音質依舊！

卡式錄音帶是播放器從箭頭處（磁帶）讀取資訊，播放聲音。

↑黑膠唱片是用唱針滑過溝槽播放音樂，一旦唱針受損，播出的音質就會變差；卡式錄音帶的磁帶也會因為受熱等原因遭受損壞，導致音質變差，但是數位音樂就完全不會有這些問題。

數位化在各方面都變得更方便呢！

看完這兩頁的說明，相信各位應該都會覺得數位音樂的優點說也說不完，但真的是如此嗎？

事實上，存放數位音樂的硬碟如果受到撞擊，這些數位音樂就會消失；卡式錄音帶還可以修復救回部分內容，但數位檔案會整個失去。

再者數位音樂容易複製，換個角度來說，盜版分享的風險，遠遠大於唱片和錄音帶。數位音樂也不能說完全沒有缺點。

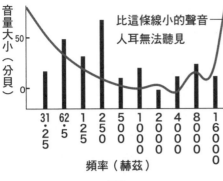

比這條線小的聲音——人耳無法聽見

音量大小（分貝）

50

0

31.25 / 62.5 / 125 / 250 / 500 / 1000 / 2000 / 4000 / 8000 / 16000

頻率（赫茲）

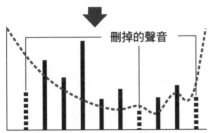

刪掉的聲音

❷能夠長時間錄音

如同左圖所示，把聲音數位化時，一般都會切掉人類耳朵聽不見的聲音。經過這樣的刪減，也就能夠容納更多的音源，換言之，能夠錄製的時間比類比音樂更長。

↑一片CD最多可以容納約十張唱片的類比音樂。

黑膠唱片的反攻？

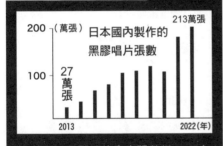

200 （萬張）日本國內製作的黑膠唱片張數

213萬張

100

27萬張

2013　　　　2022（年）

如上表，黑膠唱片生產張數從2010年代之後急速躍升。類比音樂沒有刪除「極細微的聲音」，保留下來的毛邊有其獨特味道，獲得一群死忠派支持。

❸各方面使用便利

數位化的聲音也就是所謂的「數位檔案」，收發、保存、播放、複製等全都比收錄在唱片和錄音帶等的類比式音訊更容易。

←以音樂為例，能夠一瞬間同時寄送多首歌曲給許多位在遠方的人。

→假設你想聽的歌是專輯中的第六首，用唱片播放必須從第一首聽起，但如果是數位音樂，就可以直接點選第六首播放。

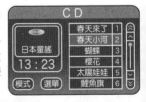

CD

日本童謠
13：23

春天來了　1
春天小河　2
蝴蝶　　　3
櫻花　　　4
太陽娃娃　5
鯉魚旗　　6

（模式）（選單）

←黑膠唱片和錄音帶需要各自專用的播放機器。數位音樂只要有個人電腦或智慧型手機等就能夠輕鬆播放。

※ 圖表參考日本唱片協會「不同類型音樂軟體的生產數量變遷」製成。

這麼說來，電話的原理是什麼？

電話則是「傳遞」聲音的技術。

唱片和CD是「記錄」聲音的技術，

喂？

嗯？

打出方的行動電話

聲音

麥克風

電訊號

轉換器

數位訊號

數位訊號隨著電波發送

發送器

基地台

光纖等

接收方的行動電話

轉換器

電訊號

揚聲器

聲音

數位訊號

發送器

收到帶來數位訊號的電波

基地台

基地台是行動電話與電波的收發訊號裝置，設置在全國各地的陸地上。基地台會把來自行動電話的電波轉換成訊號，透過光纖等，經由各式各樣的通訊設備傳送到最靠近對方的基地台。訊號到了這裡再度變成電波，傳送到對方的行動電話上。

智慧型手機等行動電話的原理是這樣。

原來電話裡也有麥克風和揚聲器啊。

麥克風把聲音變成電訊號，揚聲器再把電訊號恢復成聲音，這些也一樣。

118

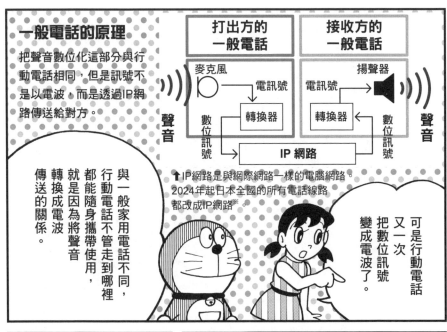

一般電話的原理

把聲音數位化這部分與行動電話相同，但是訊號不是以電波，而是透過IP網路傳送給對方。

打出方的一般電話

麥克風 → 電訊號 → 轉換器 → 數位訊號

接收方的一般電話

揚聲器 ← 電訊號 ← 轉換器 ← 數位訊號

IP 網路

聲音

↑IP網路是與網際網路一樣的電腦網路。2024年起日本全國的所有電話線路都改成IP網路※。

與一般家用電話不同，行動電話不管走到哪裡都能隨身攜帶使用，就是因為將聲音轉換成電波傳送的關係。

可是行動電話又一次把數位訊號變成電波了。

你剛才說「行動電話不管走到哪裡都能隨身攜帶使用」，可是為什麼有時會沒有訊號、無法使用？

電波與聲音，哪裡不同？

電波又稱無線電波，是電磁波的一種，與聲音有幾個相似之處。比方說，電波的高低也是用頻率表示，單位也是赫茲。與聲音一樣會反射也會穿透。另一方面，兩者間的差異是，電波在真空中也能傳送，而且速度遠比聲音快，每秒約30萬公里。

↖如上圖這樣，1秒內形成兩個波的電波頻率就是2赫茲。

就是電在流動時四周產生的、透過空氣等傳播的、眼睛看不見的波。電波的高低也是以「頻率」表示。

對了，電波又是什麼？

※ 文中的「一般電話」是指日本在 2024 年 1 月起從傳統類比線路轉換成 IP 網路的電話。IP 電話或網路電話，在台灣的正式名稱是「VoIP 網路電話」。VoIP 是 Voice over Internet Protocol 的簡稱。

①人在電波不易傳送到的地方

還有一種是「假裝沒訊號」吧。

②距離基地台太遠

←手機沒訊號的主要原因是左邊這兩點。以①來說，電波難以通過金屬和混凝土，所以在高樓大廈內或之間，就會發生手機沒訊號的情況。另外，像②的情況，電波與聲音一樣，傳送越遠越弱，所以走進深山等遠離基地台的地方，就會沒有訊號。

原來沒訊號跟電波無法相連有關。

那是因為某些原因，使得手機與基地台的電波無法相連。

再見。

你說什麼?!

你剛才的冷笑話頻率沒對到。

跟一般電視台使用的頻率一樣喔。

還有啊，行動電話使用的電波種類是「UHF（超高頻）」，

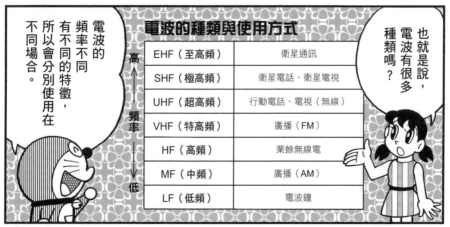

電波的頻率不同，有不同的特徵，所以會分別使用在不同場合。

電波的種類與使用方式	
EHF（至高頻）	衛星通訊
SHF（極高頻）	衛星電話、衛星電視
UHF（超高頻）	行動電話、電視（無線）
VHF（特高頻）	廣播（FM）
HF（高頻）	業餘無線電
MF（中頻）	廣播（AM）
LF（低頻）	電波鐘

高↑ 頻率 ↓低

也就是說，電波有很多種類嗎？

※電波之中還有比 EHF 頻率更高的「兆赫茲（THz）」，比低頻頻率低的「甚低頻」、「特低頻」等，但這裡省略不提。

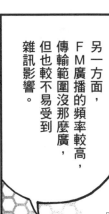

舉例來說，AM廣播的音質比較差，但頻率比FM廣播低，所以傳輸範圍較廣。

AM／FM 廣播的差別

中頻的AM與特高頻的FM分別發揮了各自所在頻段的優點。

AM

在國外也能收聽，但因為音質差，所以多半是新聞和談話性節目。

FM

音質比AM廣播好，所以多半以音樂節目為主。

另一方面，FM廣播的頻率較高，傳輸範圍沒那麼廣，但也較不易受到雜訊影響。

※咚

本大爺有自信我的歌聲能夠戰勝雜訊，傳輸到全世界！

別這樣傷害外國人啊……

胖虎的歌聲不就是最大的雜訊嗎……？

※啪咻

不過那個地方很驚人，所以先照一下在任何環境都沒問題的「適應燈」。

很少聽到衛星電話，那是什麼？

衛星電話很好玩喔。

我們去瞧瞧在哪裡會用到吧。

※抽出

咦？這是什麼地方？

難怪要照「適應燈」。

各國的登山隊都在。

喜馬拉雅山海拔五千公尺的山上。

這裡的氣壓、氣溫都極低。

「好夥伴線香」。

用這個燻煙圍繞，就能夠成為對方的夥伴。

那個帳篷是日本的吧？

我們用夥伴身分去借用。

你好，那邊的天氣如何呢？

東京目前是夏天，所以太陽很大、很熱。

奇怪？

可以跟你借一下衛星電話嗎？

好的，請用。

衛星電話的原理

人造衛星

衛星電話

衛星電話

衛星地面站　一般電話和行動電話

因為衛星電話是使用SHF（極高頻）與人造衛星通訊的電話。

仔細想想，山上又沒有基地台，為什麼電話有訊號？

↑衛星電話彼此之間的通話，是透過人造衛型。衛星電話與其他電話通話，則是藉由人造衛星與衛星地面站。

但是透過太空傳遞聲音，聽起來好浪漫呢。

什麼？那電話可以把聲音傳去太空？

怪不得就算沒有基地台也能夠通話。

衛星電話通常用在高山、沙漠、海上、基地台毀損的災區等。

※啦啦啦～

歌手剛田武要在太空出道了！

給我！

……不是那樣

征服地球的願望終於要實現了！

怎麼了？

……不好了！

嗯!?

五分鐘就能解決。

憑我們的實力，

※嘰哩嘰哩、啦～

你說什麼!?

我們接收到來自地球的神祕極高頻！

哇！

太空船受到破壞電波的干擾，失控了！

哇！

※嘎搭嘎搭

都要怪胖虎！

衛星電話壞掉了啦！怪我！你憑什麼怪我！

只好用能夠修復壞掉物品的「復原光線」修看看⋯⋯

被那個歌聲弄壞的東西可以修復嗎？

衛星電話很貴呢⋯⋯

征服地球的任務呢？

放棄、放棄！我們怎麼打得過那種電波武器！

漫畫角色原作

藤子・F・不二雄
■漫畫家

本名藤本弘（Fujimoto Hiroshi），1933年12月1日出生於富山縣高岡市。
1951年以漫畫《天使之玉》出道，正式成為漫畫家。以藤子・F・不二雄
之名持續創作《哆啦A夢》，建構兒童漫畫新時代。
主要代表作包括《哆啦A夢》、《小鬼Q太郎（共著）》、《小超人帕門》、
《奇天烈大百科》、《超能力魔美》、《科幻短篇》系列等。2011年9月
成立了「川崎市　藤子・F・不二雄博物館」，是一間展示親筆繪製的原稿、
表彰子・F・不二雄的美術館。

日文版審訂者

戶井武司
中央大學理工學院精密機械工學系教授，專攻音響工學的工學博士。致
力於研究讓汽車、家電、樂器、運動器材等能夠發出悅耳聲音的「悅聲
設計」，打造舒適且多功能的美音環境。著作與審訂作品眾多，包括《簡
單到底的聲音》（日刊工業新聞社）、《聲音大研究》（PHP研究所）等。

台灣版審訂者

蔡鈺鼎
逢甲大學電聲碩士學位學程與精密系統設計學士學位學程副教授兼系主
任，德國紐倫堡大學與德國TU-DRESDEN工業大學訪問學者。擔任美國
聲學協會JASA會員與審委、台灣與美國聲音工程協會AES會員，並發
表多篇聲學期刊論文與產業學研合作。擁有工學博士學歷，專長於音訊
處理與AI系統程式技術。創作多項數位音訊效果處理程式，致力帶給世
界美好的聲音。

譯者簡介

黃薇嬪
東吳大學日文系畢業。大一開始接稿翻譯，至今已超過二十年。兢兢業
業經營譯者路，期許每本譯作都能夠讓讀者流暢閱讀。主打低調路線的
日文譯者是也。

【參考資料】

日本音響學會編撰《聲音的百科小事典》（講談社 1996）

熊谷聰等人著《蝙蝠觀察書》（人類文化社 2002）

戶井武司著《簡單到底的聲音》（日刊工業新聞社 2004）

岩宮真一郎著《圖解雜學 從 CD 學音樂的科學》（NATSUME 社 2009）

中村健太郎著《圖解雜學 聲音的原理》（NATSUME 社 2005）

《哆啦 A 夢科學任意門 6：光與聲音魔法帽》（遠流 2016）

谷腰欣司、谷村康行著《簡單到底的超音波 第二版》（日刊工業新聞社 2015）

戶井武司審訂《聲音大研究：從特性、功用到意想不到的活用方式》（PHP 研究所 2016）

相良岩男《簡單到底的電波 第二版》（日刊工業新聞社 2016）

日本音響學會編撰《低頻音──認識低音的世界》（KORONA 社 2017）

中島宏章著《我倒立生活的理由──總是被誤解的蝙蝠》（NATSUME 社 2017）

小方厚著《音律與音階的科學 新裝版》（講談社 2018）

哆啦Ａ夢科學大冒險 ❻
玩轉聲音快樂屋

- 角色原作／藤子・F・不二雄
- 日文版審訂／戶井武司（日本中央大學理工學院教授）
- 漫畫／肘岡誠
- 插圖／阿部義記、杉山真理
- 日文版封面、版面設計／堀中亞理、雨宮真子＋ Bay Bridge Studio
- 日文版編輯／藤田健一

- 翻譯／黃薇嬪
- 台灣版審訂／蔡鈺鼎

- 發行人／王榮文
- 出版發行／遠流出版事業股份有限公司
- 地址：104005 台北市中山北路一段 11 號 13 樓
- 電話：(02)2571-0297　傳真：(02)2571-0197　郵撥：0189456-1
- 著作權顧問／蕭雄淋律師

2024 年 7 月 1 日 初版一刷
定價／新台幣 299 元 （缺頁或破損的書，請寄回更換）
有著作權・侵害必究 Printed in Taiwan
ISBN 978-626-361-748-3
YLib─遠流博識網 http://www.ylib.com　E-mail:ylib@ylib.com

ドラえもん　ふしぎのサイエンス──音のサイエンス
◎日本小學館正式授權台灣中文版

- 發行所／台灣小學館股份有限公司
- 總經理／齋藤滿
- 產品經理／黃馨瑆
- 責任編輯／李宗幸
- 美術編輯／蘇彩金

國家圖書館出版品預行編目(CIP)資料

哆啦Ａ夢科學大冒險.6：玩轉聲音快樂屋／日本小學館編輯撰文；
藤子・F・不二雄角色原作；肘岡誠漫畫；黃薇嬪翻譯. --
初版. -- 台北市：遠流出版事業股份有限公司, 2024.07
　面；　公分. -- （哆啦Ａ夢科學大冒險；6）
　譯自：ドラえもんふしぎのサイエンス：音のサイエンス
　ISBN 978-626-361-748-3（平裝）

1.科學　2.聲音　3.漫畫

307.9　　　　　　　　　　　　　　　113007877

※ 本書為 2024 年日本小學館出版的《音のサイエンス》台灣中文版，在台灣經重新審閱、編輯後發行，
因此少部分內容與日文版不同，特此聲明。

★ 本書未特別載明的資訊皆為截至 2023 年 12 月 19 日的資料。

聲音交疊構成和弦

兩個以上音高不同的音交疊，就稱為「和弦」。和弦是創作協調樂曲時不可或缺的。

Do　Mi　Sol

Do　Re　Sol

以三個音高不同的音同時響起的和弦居多。

「協和音」與「不協和音」

「Do Mi Sol」的組成是大和弦音，聽起來會讓人感到協和穩定，「Do Re Sol」缺少大和弦穩定的三度音，因此相較下聽起來較不協和。

↑上面的「Do Mi Sol」、「Do Re Sol」是協和音、不協和音的其中一例，還有其他許多組合。一般經常使用「Do Mi Sol」這三個音或「Do Mi Sol Ti」這四個音構成的大7和弦。

來瞧瞧和弦的波形

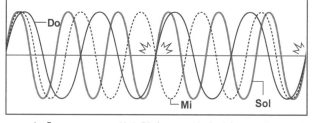

在「Do Mi Sol」的和弦中，Do的波形上下四次，Mi在它的波形之間上下五次，Sol上下六次。這種交疊方式聽起來會感到愉悅。

大調與小調是指？

右邊分別是「大調」與「小調」的例子。兩者都是一個八度裡的七個音排列而成，但大調是以「Do」，小調是以「La」為中心。

C大調

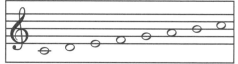

A小調

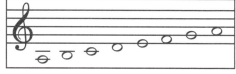

←大調的樂曲多半明亮愉快，小調的樂曲則多半聽來黑暗又悲傷。

※磅磅磅磅～

音階、和弦——音樂的科學

自古以來與我們關係深遠的聲音就是音樂。音樂是由聲音高低等不同組合交織成的藝術，但音樂的組合方式存在著基本定律，我們一起來瞧瞧吧。

音階「Do Re Mi」的祕密 》》

創造旋律，以唱名「Do Re Mi Fa Sol La Ti」（音名：C-D-E-F-G-A-B）代表的一組音符稱為「音階」。以鋼琴琴鍵表示如下圖，有從「Do」到「Ti」12個音。

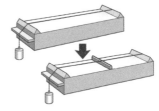

←獨弦琴（參見31頁）的弦長減半後撥弦，就會比原本的聲音高八度。

音名	C	D	E	F	G	A	B	(C)
頻率（赫茲）	261.63	293.67	329.63	349.23	392.00	440.00	493.88	523.25
		277.18	311.13		369.99	415.31	466.16	

② ④ ⑦ ⑨ ⑪

① ③ ⑤ ⑥ ⑧ ⑩ ⑫

| Do | Re | Mi | Fa | Sol | La | Ti | Do |

一個八度

↑「Do」到下一個「Do」稱為「一個八度」，各音的頻率（參見33頁）每增加一個八度就增加一倍。12個音的頻率皆不相同，從「Do」到下一個「Do」為止的頻率等分為12個音。

全音與半音

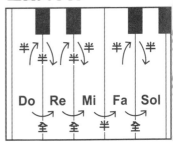

	Do	Re	Mi	Fa	Sol
	全	全	半	全	

每個琴鍵差「半音」，兩個琴鍵稱為「全音」。「Do」與「Re」等之間是全音，但「Mi」與「Fa」、「Ti」與「Do」之間是半音。

各種不同的音階
琉球音階

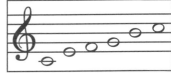

音階不是只有「Do Re Mi」，世界各地存在各種不同的音階。例如：琉球音階就沒有「Re」、「La」。沖繩音樂獨特的祕密在這個有特色的音階中。

※ 寫給家長：上面標示的是 C 大調的自然音階與一個八度，是指鋼琴以十二平均律調音為例。